KB203087

동물번식생리 이해와 응용

김옥진 저

동일출판사

머 리 말

'동물번식학'은 동물의 개체 수를 늘리기 위한 번식과 관련한 생리현상을 과학적으로 연구하는 학문이다. 본 학문을 통하여 동물의 수적 증가와 질적 증가에 따른 지식을 익힐 수 있고, 나아가 유적공학에 기반을 둔 동물번식생명공학에 대한 지식을 습득할 수 있으며, 동물 별 성주기, 동물의 성행동, 번식생리의 인위적 지배 및 수정란 이식, 기타 동물의 생식현상에 대하여 공부할 수 있다.

본 교재 '동물번식생리 이해와 응용'의 목표는 동물 생식기관의 기능과 생식세포의 형성 과정 등에 관한 지식을 습득하여 교배, 인공수정, 임신, 분만, 포유, 양육 등에 대한 이론과 우수 품종 육성 및 품종개량 등의 실습을 통해 전문 번식육종가로서의 기본적인 자질을 함양하는데 있다.

본 교재를 통하여 동물 번식기관의 구조와 기능, 생식세포의 형성과정 등에 관한 지식을 습득토록 하여, 생식현상을 조절하는 성호르몬, 발정, 수정, 착상, 임신, 분만비유에 관하여 이론과 실습교육을 통한 전문 지식을 습득할 수 있고, 또한 유전학의 기초이론을 바탕으로 동물유전학의 제반 이론을 소개하며 특히 최근에 중요성이 강조되고 있는 유전공학 기법을 동물산업이 이용하는 것과 관련된 전공 지식을 습득할 수 있다.

과거 동물번식은 축산업이 국가의 부흥으로 우유와 버터를 생산하고 고기와 가죽을 얻는 목적으로 소, 돼지, 면양, 산양, 가금 등 가축을 늘리기 위한 수단으로서 가축의 번식학과 생리학, 인공수정, 수정란 이식, 복제 등에 대한 연구가 활발히 진행하였다.

최근 동물번식은 위에서 열거한 가축 뿐 만 아니라, 반려동물로 자리하고 있는 반려견과 반려 고양이, 기타 특수동물 등으로 확대되었으며, 양적인 증가는 기본으로 보다 우수한 질적 증가와 부가가치를 높이기 위한 방향으로 변모하고 있다.

축산학과가 동물자원학과로 명칭이 변경되었으며, 현재 애완동물학과가 반려동물을 전공하는 학과가 운영되고 있는 실정이다. 본 교재는 각각 전문적으로 나누어져 있던 동물번식학, 동물생리학, 동물유전학, 인공수정 등의 교재를 현재 애완동물학을 공부하고 있는 학생들에게 맞게 한권의 책으로 다시금 정리하게 되었다.

방대한 분량의 교재들을 모아 한권의 책으로 재편성하다보니 보다 전문적인 분야를 다 수록하지 못한 데에는 아쉬움도 남아있지만 전체적인 개념을 인식하는데 있어서, 앞으로 각개의 분야로 진출하는 학생들에게 도움이 되리라 사료된다.

교재 집필에 많은 도움을 아끼지 않은 분들께 감사드리며, 또한 본 교재의 완성을 위하여 인용 및 발췌를 허락하여 주신 여러 선배님들에게 또한 감사드린다. 본 교재가 동물관련 전공 학생들에게 방향을 제시하여 줄 수 있으면 하는 바람으로 이 글을 맺을까 한다.

저자 김옥진

목　차

Chapter I. 동물의 생식기관

1. 포유동물의생식기관 ······ 11
(1) 수컷의 생식기관 ······ 11
(2) 암컷의 생식기관 ······ 17
2. 조류의생식기관 ······ 21

Chapter 2. 동물의 생식세포

1. 정자의형성과구조, 생리 ······ 27
2. 난자의형성과구조, 생리 ······ 30

Chapter 3. 동물의 번식호르몬

1. 호르몬의개요 ······ 37
(1) 시상하부 호르몬 ······ 37
(2) 뇌하수체호르몬 ······ 39
(3) 태반호르몬 ······ 42
(4) 성선호르몬 ······ 44
(5) 프로스타그란딘 ······ 46

Chapter 4. 동물의 성성숙과 성(생식)주기

1.성성숙 49
2.성주기 55
3.성주기와호르몬 62
4.성주기와생식기의변화 64

Chapter 5. 각 동물의 번식생리

(1) 소 71
(2) 돼 지 74
(4) 말 78
(5) 사 슴 79
(6) 곰 80
(7) 개 81
(8) 고양이 83
(9) 여 우 85
(10) 밍 크 87
(11) 조 류 88

Chapter 6. 교배와 인공수정

1.자연교배 95
2.인공수정 101

Chapter 7. 수정 및 착상

1. 수정 ······ 135
2. 난할 ······ 148
3. 착상 ······ 156

Chapter 8. 임신과 분만

1. 개의번식생리 ······ 163
2. 고양이의번식생리 ······ 174

Chapter 9. 비유생리

1. 유방과 유선의 기본구조 ······ 181
2. 유선의 발육과 호르몬 ······ 186

Chapter 10. 번식의 인위적 지배

1. 계절 외 번식 ······ 195
2. 발정의 동기화 ······ 197
3. 발정동기화의 방법 ······ 198
4. 수정란 이식 ······ 201
5. 체외수정 ······ 207
6. 복제동물, Chimera 및 Transgenic Animal의 생산 ······ 212

7. 분만유기 ······ 218

Chapter 11. 번식장해

1. 암컷의 번식장해 ······ 224
2. 수컷의 번식장해 ······ 240
3. 전염성 번식장해 ······ 251

참고문헌 ······ 255

부록 ······ 256

찾아보기 ······ 261

Chapter I
동물의 생식기관

1. 포유동물의 생식기관

동물이 자손을 생산하기 위한 번식활동에 필요한 생식기관은 정자와 난자를 생상하기위한 생식세포를 생산하는 **생식선**(genital gland)과 생식에 필요한 분비기관인 **내부생식기**(internal reproductive organ) 및 교미에 필요한 **외부생식기관**(external reproductive organ)으로 구성되어 있다. 그 외 포유동물에 있어서는 포유를 하기위한 유즙을 생성하는 **비유기관**(mammary system) 등이 있다.

(1) 수컷의 생식기관

수컷의 생식기관은 호르몬을 생산하는 정소(testis)와, 정소상체(epididymis), 정관(vas deferens), 음경(penis), 음낭 (scrotum)과 부생식선(accessory glands)인 전립선(prostate gland), 요도구선 (bulbo-urethral gland), 정낭선(vesicular gland) 등으로 구성되어 있다.

소의 생식기관(♂)　　돼지의 생식기관(♂)

말의 생식기관(♂)　　면양의 생식기관(♂)

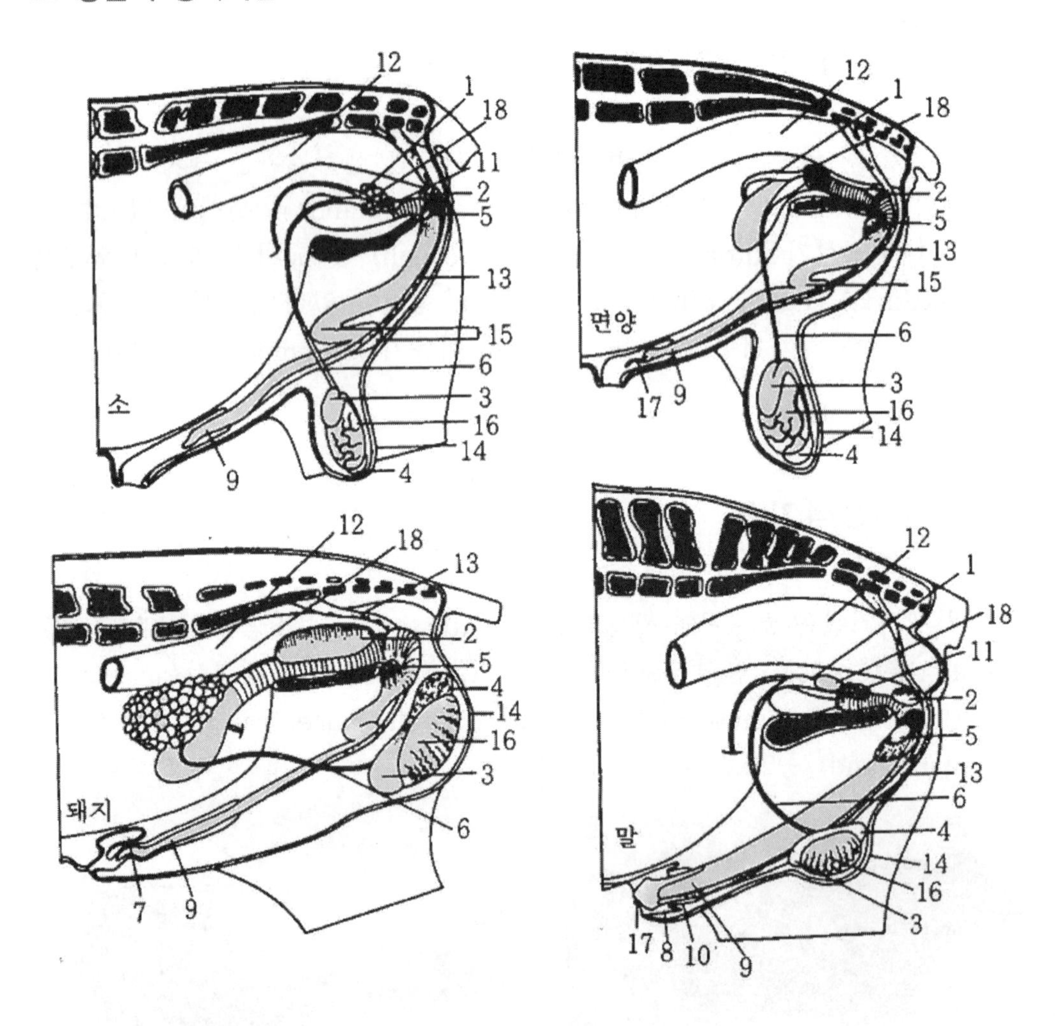

웅성생식기의 좌우측 절개도

1 : 팽대부
2 : 구뇨도선
3 : 정소상체 두부
4 : 정소상체 미부
5 : 좌측좌골로부터 절단한 좌측음경각
6 : 정관
7 : 포피의 배측게실
8 : 외부포피
9 : 음경유리선단부
10 : 내부 포피
11 : 전립선
12 : 직장
13 : 음경후인근
14 : 음낭
15 : S형 만곡부
16 : 정소
17 : 요도돌기
18 : 정낭선

1) 정 소 (testis)

정소는 정자와 남성호르몬인 **안드로젠**(androgen)을 생산한다. 정소에서의 **정자형성**(spermatogenesis)은 생식원 세포(primordial germ cell)에서 정조세포(spematogonia)로 성장하여 세정관내에서 체세포 유사분열에 의해 증가하여 정모세포(primary spermatocyte)로 성장, 제1차 감수분열에 의해 정낭세포(secondary spermatocyte)는 2차 감수분열에 의해 정자세포(spermatid)로 되어 정자(spermmatozoon)가 된다.

정소에는 곡정소관이 구불구불하게 얽혀 들어 있는데 곡정소관의 전체의 길이는 1개의 정소에서 약 250미터나 된다.

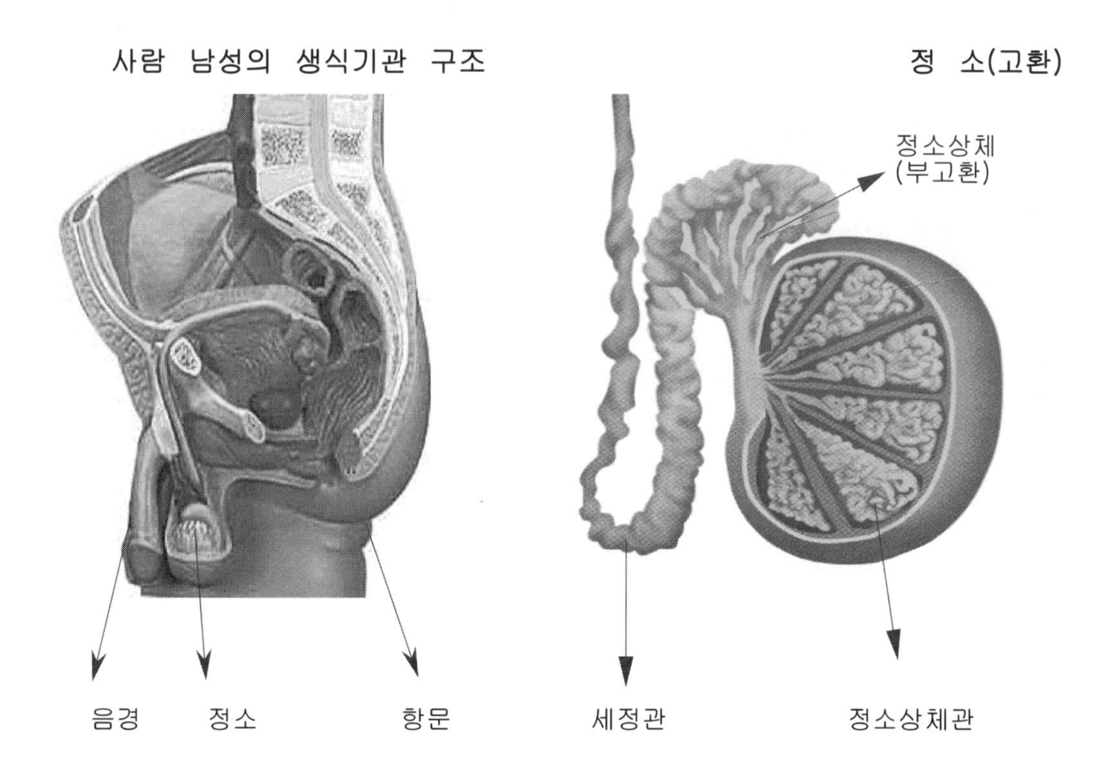

2) 정소상체 (epididymis)

정소와 함께 정소초막(tunica vaginalis)에 둘러 쌓여있는 정소상체는 생식선인 정소의 수출관에 연결되어 있으며, 두부, 체부, 미부로 구성되어 있다. 정자의 수송, 농축, 성숙, 저장에 관여한다. 정자는 정소상체 내에서 운동성과 수정 능력을 획득한다. 건강한 남성의 경우 매일 1억 개의 정자를 만든다.

3) 세 정 관

세정관과 세정관 사이에 있는 **라이디히 세포**(Leydig Cell)에서는 남성호르몬이 분비된다. 정자는 정소 안에 포개진 세정관 속에서 만들어진다. 세정관의 바깥쪽에는 가장 미숙한 정원세포가 늘어서 있다가 2개월간의 기간을 거쳐 안쪽에서 성숙한 정자가 된다.

4) 정 관 (deferent duct or vas deferens)

정소상체의 끝부분으로부터 요도까지 연결된 가늘고 긴 관으로 상피세포로 구성되어 있으며, 끝 부분은 굵게 부풀어 있는데 이곳을 **정관 팽대부**라고 한다. 정관은 정자의 수송과 사출기의 역할을 하는데 정관 팽대부는 사정되기 전 정자의 저장소 기능도 함께 한다.

소와 양은 팽대부가 잘 되어 있어 구애와 교미전의 자극을 받으면 정관벽은 연동운동과 분비선 벽을 수축하여 정액을 쉽게 배출하게 된다.

5) 부생식선

정자의 생존과 수정력을 유지하기위한 액을 분비하는 보조생식선으로 정낭선, 전립선, 요도구선으로 구성되어 있다.

① 정낭선(vesicular gland)

정관 팽대부 옆에 위치하고 있는 포도송이 모양의 분엽화한 한 쌍의 선체로써 각각의 소엽에서 나오는 분비관은 서로 모여서 하나의 주 배출관을 형성하고 이렇게 형성된 배출관은 정관의 요도 개구부와 합류하여 사출구를 형성한다. pH 5.7~6.2의 약산성 유백색 액체를 분비하고 이것은 고농도의 단백질, 칼슘, 과당, 구연산 등이 함유되어 정자의 영양소공급과 사정 후 정자의 운동에 필요한 에너지원으로 역할을 한다.

② 전립선(prostate gland)

정낭선 후방에서 요도구선 주위까지 발달한 1개의 분비선으로 분비물은 유백색의 알칼리성(pH 7.5~8.2)으로 정자의 운동과 대사에 필요한 물질을 함유하고 있으며 사정 시 질 내의 산성상태를 중화시킴으로 사정 정자의 생존에 중요한 역할을 한다.

③ 요도구선(urethral gland)

한 쌍의 선으로 호두모양과 같으며 요도 골반체의 뒤끝 위쪽에 있다. 요도구선의 분비액은 사정에 앞서서 요도의 세척 및 중화 작용을 한다.

6) 음 경 (penis)

교미시 이용하는 기관으로서 S-형 만곡이 있어서 음경의 돌출이 가능하다. 요도 해면체는 요도 주위해면체 근처에 있고 성적 흥분시 혈액이 충만하여 발기가 되고 음경이 팽창하고 굳어져 발기상태가 된다.

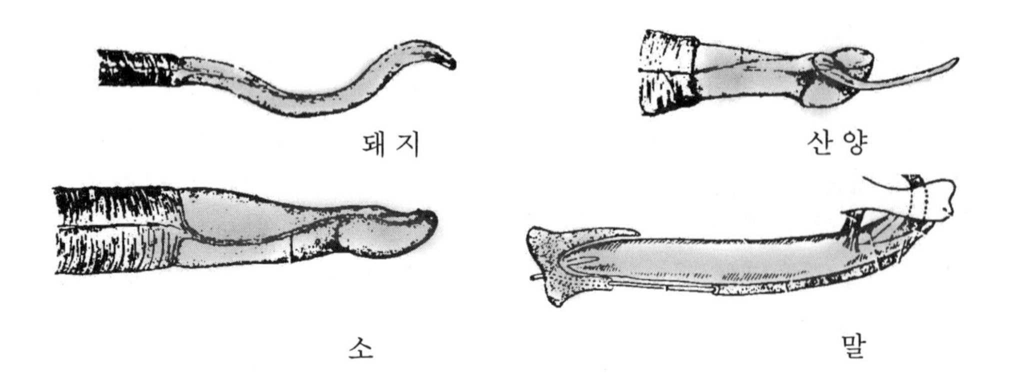

수컷생식기관의 부위별 크기					
기 관		소	면 양	돼 지	말
	길이(cm)	13	10	13	10
정 소	직경(cm)	7	6	7	5
	무게(g)	350	275	360	200
정소산체	관의 길이(cm)	40	50	18	75
	무게(g)	36	-	85	40
음 경	총길이(cm)	102	40	55	50
	선단(cm)	9.5	4	18	20
	요도길이(cm)	0.2	4	-	3
표 피	길이(cm)	30	11	23	외부25 내부15

(Ashdown & Hancok. 2001)

(2) 암컷의 생식기관

암컷의 생식기관은 난소 (ovary), 난관 (oviduct), 자궁 (uterus), 자궁경 (cervix uteri), 질 (vagina), 및 외부생식기 (external genitalia)로 구성되어 있고 외음부를 제외한 것들은 광인대 (broad ligament)에 의해 지지되고 있다. 광인대는 난소를 지지하는 난소간막(mesovarium)과 난관을 지지하는 자궁간막(mesometrium)으로 되어 있다.

암소의 생식기관 구조

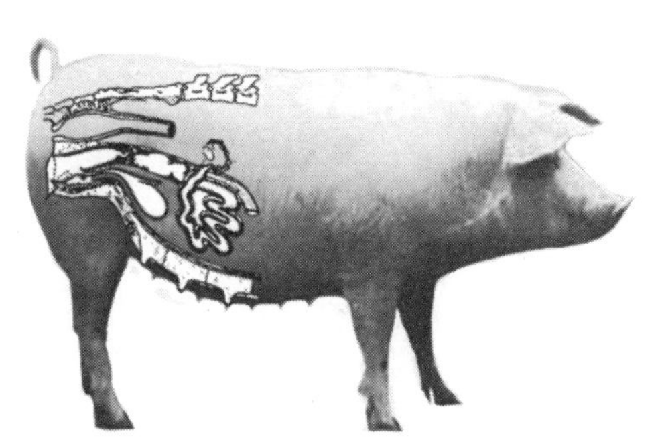

암돼지의 생식기관 구조

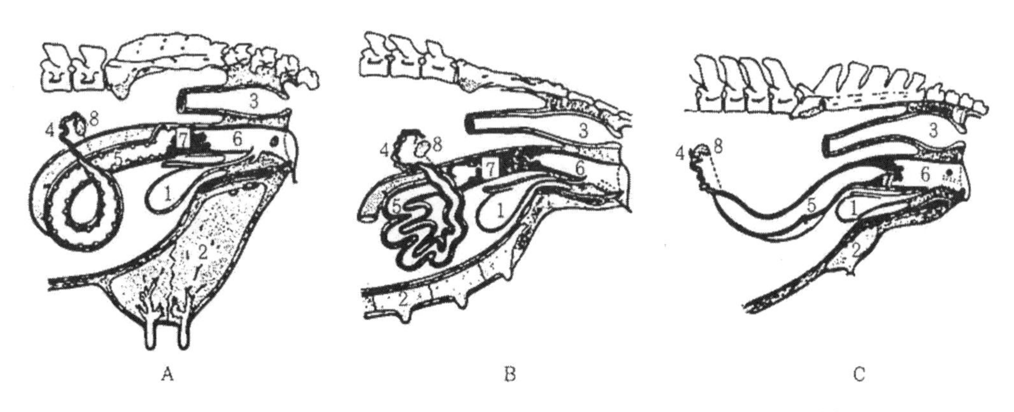

자성 동물생식기관의 해부학적 비교(Ellenberger & Baum. 2001)

A : 소 B : 돼지 C : 말

1. 방광, 2.유선, 3. 직장, 4. 난관, 5. 자궁, 6. 질, 7. 자궁경, 8.난소

1) 난 소 (Ovary)

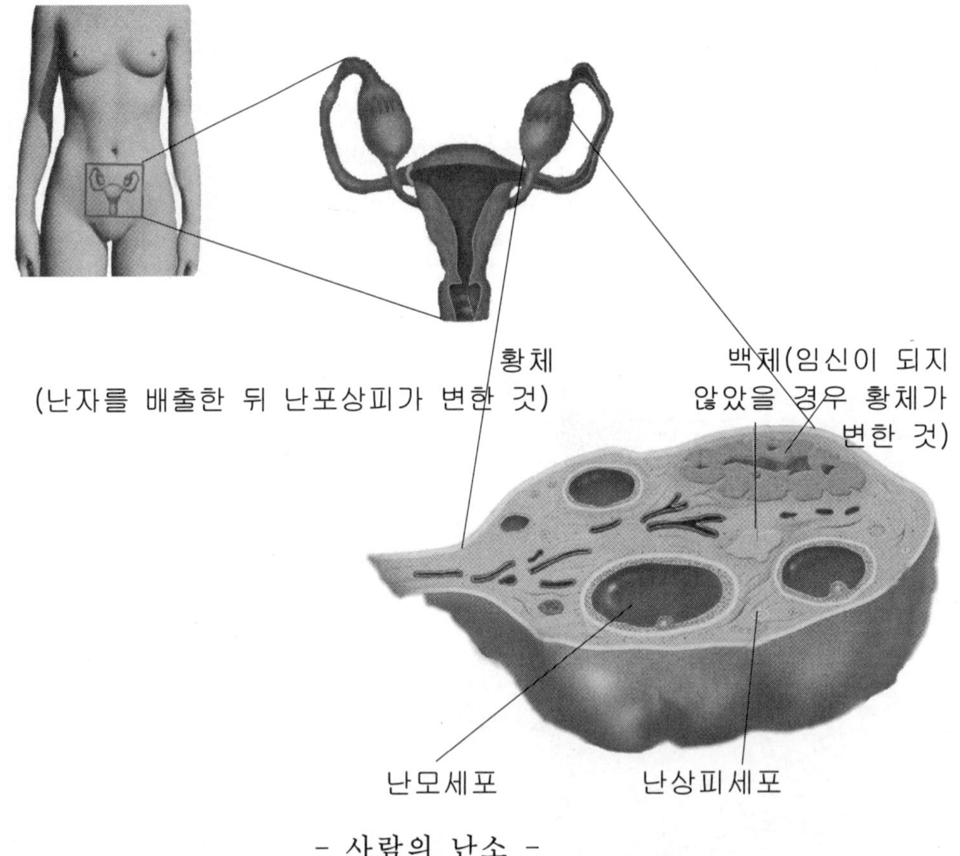

- 사람의 난소 -

난소는 복강 내에 자궁각 끝에 위치하고 있으며, 난자(ovum)를 생산하는 외분비기능과 성스테로이드 호르몬을 분비하는 내분비기능을 가진 복강 내 있는 생식선(성선, gonad)이다.

성숙기에 이르게 되면 난소는 원시난포(primary follicle)에서 제2차 난포(scondary follicle)로 발달하며, 제3차 난포(tertiary follicle)로 거쳐 그라아프 난포(Graafian follicle)로 성숙하여 배란(ovulation)과 배란 후의 의 황체(corpus luteum)형성 과정을 거친다.

또한 난소는 암컷의 복강 내에 위치하고 있는 한 쌍으로 된 성선으로 크기와 형태는 축종에 따라 다양하다. 난소의 무게는 소의 경우 10-20g, 돼지와 면양은 3-4g 정도가 된다.

2) 난 관 (Oviduct)

난관은 난관간막(mesosalpinx)에 의하여 유지되며 난소와 자궁각을 연결하는 도관이다. 난소 근처에 있는 난관채(fimbria), 팽대부 (ampulla), 협부 (isthmus)로 구성되어있다. 난관채는 배란된 난자를 복강으로 떨어지지 않게 수용하여 난관으로 이동시킨다.

팽대부는 난자가 정자와 결합하여 수정하는 곳으로 수정된 난자는 이동하면서 협부에서 난할이 일어난다. 난관의 근층 두께는 자궁 끝으로 오면서 두꺼워진다.

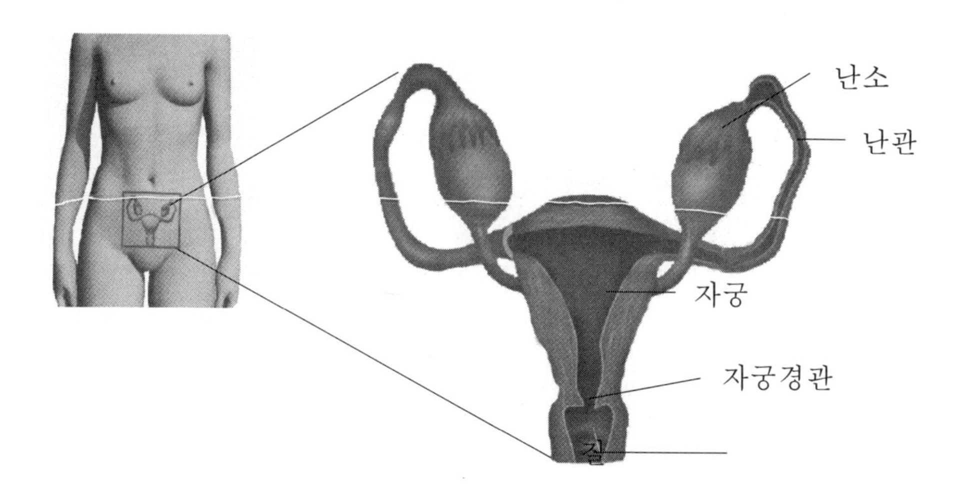

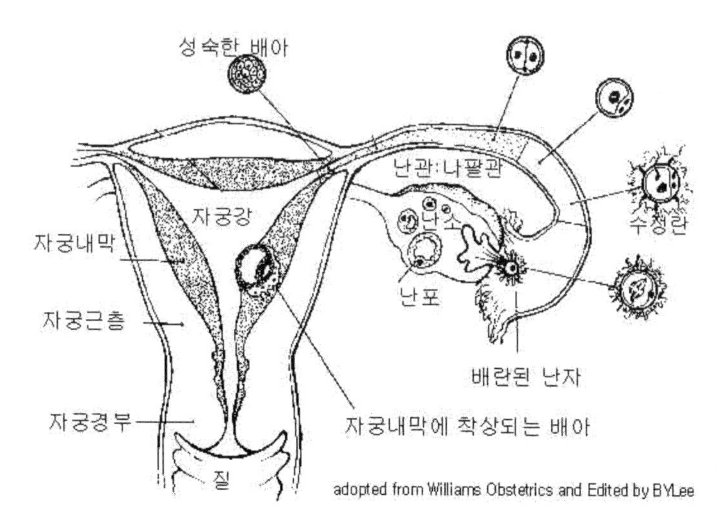

난소에서는 일정한 주기로 난모세포가 성숙하며, 주위가 난포 상피세포로 둘러싸여 난포를 형성하고 있다. 난포가 성숙되면 난포 상피세포가 얇아져 터지고, 난모세포가 밖으로 방출 된다. 이것이 배란이다. 사람의 주기는 약 28일 이다.

3) 자 궁 (Uterus)

자궁은 자궁각(uterine horn), 자궁체(uterine body), 자궁경(uterine cervix)로 구분된다. 자궁각은 자궁의 수축과 관련하고 에스트로젠(estrogen)이 자궁벽의 탄력을 증가시켜 자궁을 수축시키고 프로게스테론(progesterone)이 이완시키는 작용을 한다.

자궁경은 질과 연결된 근육층의 두껍고 좁고 단단한 부분으로 인공수정 시 수정사가 이곳을 잡고 수정용 주입기를 삽입한다. 내부의 가는 관인 자궁경관 안에는 제 1, 2, 3 추벽이 있다.

발정 시 점액이 분비되어 외음부로 배출되고, 임신 중에는 다량의 점액이 자궁각을 폐쇄하여 세균 및 이물질의 침입을 방지한다. 분만 시에는 자궁경관이 이완되어 태아의 분만이 이루어진다.

4) 질(Vagina)

질은 외음부에 이르는 수축성이 강한 교미 기관으로 분비물이 많아 스스로 정화하는 작용이 있다. 정액의 사정부위가 되고 분만시 태아와 태반을 만출하는 통로이다.

5) 외부 생식기(External genitalia)

질전정 (vaginal vestibule), 대음순 (labia majora), 소음순 (labia minora), 음핵(clitoris) 및 전정선 (vestibular gland)로 구성되어 있다.

비뇨 생식기관이고 평상시에는 아무런 변화가 없으나 발정과 분만 시 많이 부어오르고 색깔도 변한다.

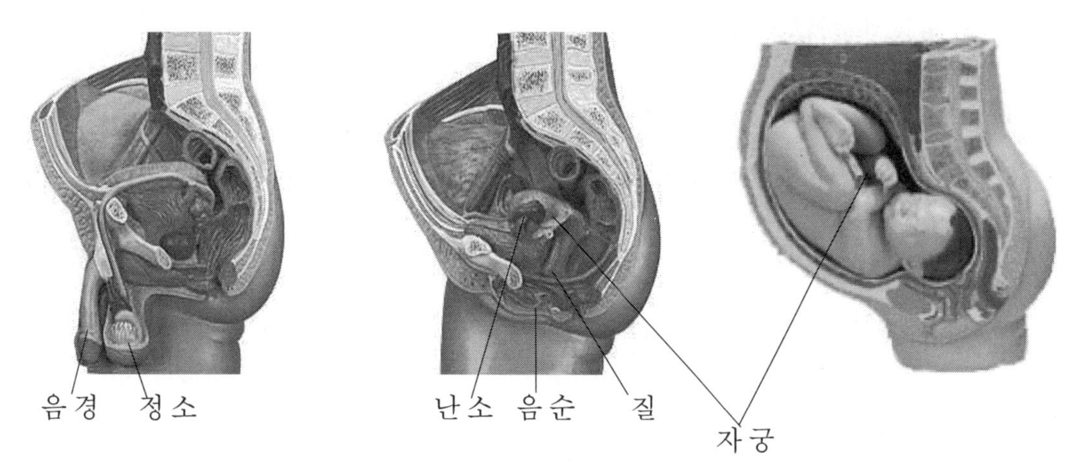

-남성의 생식기와 여성의 생식기의 비교-

2. 조류의 생식기관

조류의 생식기관은 포유동물과는 조금 다른 구조를 가지고 있으며, 대부분의 암수 모두는 교미기인 외부생식기가 없는 총배설강의 구조로 되어있으며, 암컷의 난관은 하나는 퇴화되어있으며, 하나는 잘 발달되어 있다.

(1) 수컷의 생식기관

1) 정 소(Testis)

수탉의 생식기관인 정소는 황백색을 띤 난원형으로써 좌우 1쌍이 신장의 앞쪽에 위치한다. 중량은 개체에 따라 변이가 크지만, 성계에서는 체중의 약 1%에 해당된다. 조류는 번식계절이 있어 비 번식기와 번식 기에 정소의 크기가 현저하게 차이가 있다. 크기는 좌측의 것이 더 크다. 보통의 조류가 닭과 비슷하지만, 비둘기는 우측이 더 크다. 기능은 정자형성과 남성호르몬의 분비를 담당한다.

2) 정소상체(Epididymis)

짧고 작아서 포유류와 같이 두부, 체부, 미부의 구별이 없다. 기능은 정소에서 생산된 정자를 성숙시켜 수정 능력을 부여하고, 웅성호르몬을 대사하는 효소가 존재한다.

3) 정 관(Ductus deferens)

신장의 뒤쪽을 따라 내려와 총배설강에 이르게 한다. 후부의 정관팽대부는 크게 되어 있고 말단 내강은 넓다.

정자를 운반하는 통로인 동시에 정자의 수정능획득이 있는 곳이며, 정자를 저장하는 역할도 한다. 정관 내 정자의 수명은 3~4주로 알려져 있다.

4) 부생식기관

맥관체와 림프절이 있다. **맥관체**(vascular body)는 총배설강의 양측에 있는 붉은색의 소체이며, 림프절(lymph fold)은 8자형의 주름에 인접한 작은 주름이며, 사정시 투명액이 분비되어진다.

5) 교미기

집오리는 약 5cm 정도로 상당히 큰 음경을 가지고 있지만 닭의 음경은 없고 퇴화교미기로 생식돌기와 8자형의 주름이 총배설강의 아래 항문개구부의 가까운 곳에 위치한다. 생식돌기의 모양과 크기는 수컷에서는 6자형, 암컷은 3가지의 형이 있지만 이것의 관찰로 병아리의 성별을 감별 한다.

(2) 암컷의 생식기관

암컷의 생식기관은 난소와 수란관으로 구성되어 있고, 난소는 복강 내 신장의 전단에 위치하여 **좌측 난소만이 발달**되었고, 우측난소는 부화 초기에 일시적으로 나타났다가 곧 퇴화되어 부화말기에 흔적만 남게 된다. 난소에 보이는 난자는 원시난포에서 성숙한 난포에 이르기까지 여러 개 난포로 된다. 미숙한 원시세포는 난포세포로 된 한 층의 과립층에 싸여 있고 선유나 혈관에 싸여있는 난포막 조직 중에 존재한다. 난원세포의 분열증식은 부화전애는 중지되고 부화 후에 성장 성숙된다.

난자는 영양을 난포막에서 받으며 혈관은 난포막 조직 내 많은 분맥이 널려 있으며 과립층을 거쳐 난자에 공급한다. 난자가 성숙 전에 난자와 과립층 사이에 방선대라고 불리는 난황막이 형성된다. 난관은 난소에 개구된 탄력성이 강한 관으로 나팔관, 난백분비부, 수란관 협부, 자궁, 질로 되어 있다.

난소에 있어서는 난포경에 의하여 난소에 부착된 작은 난포가 성숙함에 황색소로 착색되며 난모세포를 가지고 있다. 성숙 순위에 따라 배란되며, 배란 후에는 황체 형성이 없어 계속적으로 난포가 발육하여 배란됨으로 매일 산란한다.

난관누두부는 배란된 난포가 복강 내 떨어지지 않고 수란관에 유입하는 역할을 하며, 난백분비부는 수란관의 대부분을 차지하고 난황이 통과하는 사이에 난백을 분비하며 약 40% 난백이 여기서 만들어 진다. 낭황막 양쪽에 끈 모양으로 붙어 있는 알끈이 형성된다.

근층은 두껍게 발달되었으며 내측의 윤주층이 바깥쪽의 종주층보다 더 발달되어 있으며 내압에 의하여 산란을 쉽게 하도록 한다.

Chapter 2
동 물 의 　생 식 세 포

1. 동물의 생식세포

정자는 수컷의 배우자로 수정능력과 난자에까지 도달하기 위한 운동성을 갖고 있다. 포유동물의 정자는 정소에서 형성된 뒤 정소상체에서 성숙되어 대기하고 있다가 사정 후는 자연교배 또는 인공수정에 의해 암컷의 생식기도내에 들어가 난관 내 수정 부위로 운반되어진다. 그러나 많은 정자는 그 단계에 이르기까지 암컷의 생식기도 내에서 분해, 흡수되기도 하고 배설에 의해 수정의 기회를 못하고 소실된다.

(1) 정자(spermatozoon)

1) 정자의 구조

수컷의 정소에서 생산되는 생식세포로서 올챙이처럼 생겼다. 사람의 경우 길이는 약 0.05mm이고, **머리부분(두부), 중간부분(중부), 꼬리부분(미부)**으로 되어 있다. 머리 부분에는 핵이 들어 있어 아기의 여러 특징들을 결정하는 유전인자의 역할을 하고, 나중에 정자가 질 내부로 들어갔을 때 난자와 수정 시 난자의 외막을 녹이는 효소를 함유하고 있는 첨체로 구성되어 있다. 중편은 운동에 필요한 미토콘드리아가 있고 꼬리에는 세포질이 들어있으며 꼬리의 운동에 따라서 정자는 앞으로 나아가는 전진 운동을 하게 된다.

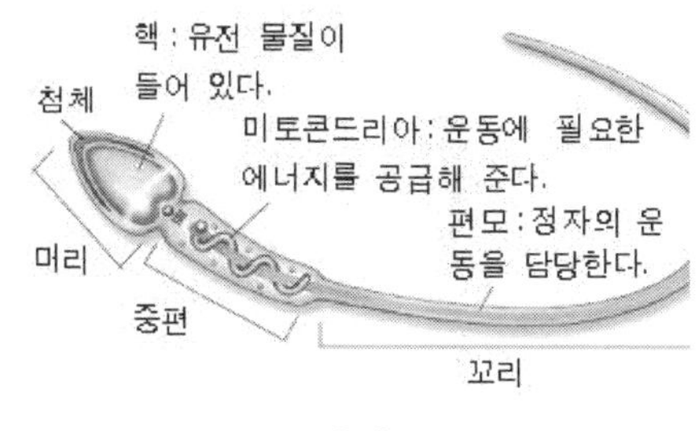

정자

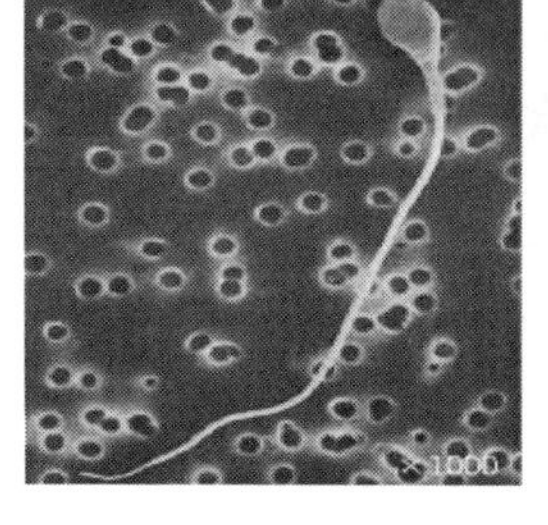

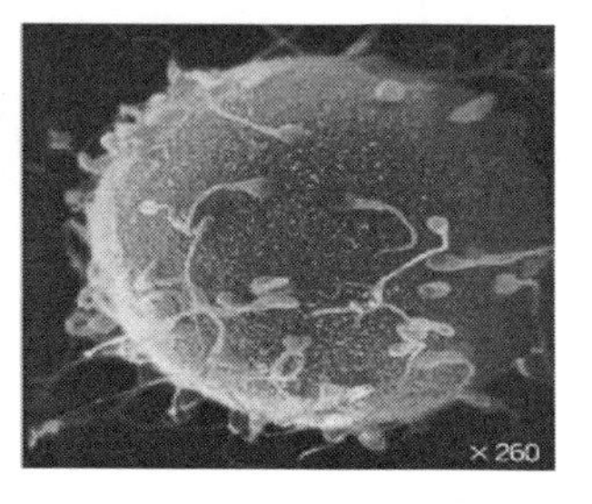

난자와 난자를 둘러 싼 정자

2) 정자의 형성 과정

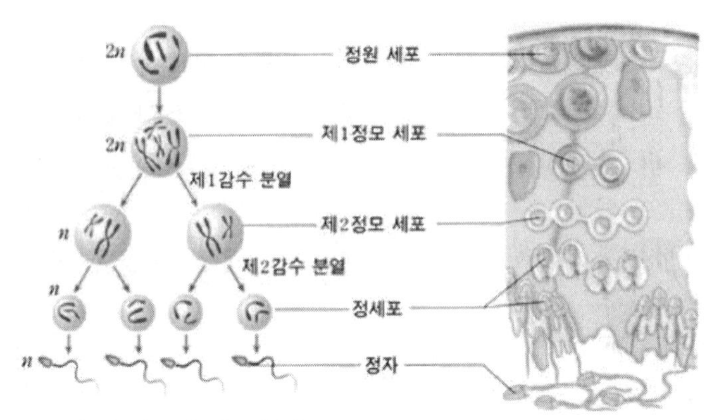

▲ 정자의 형성 과정

정자는 꼬불꼬불한 세정관 내벽의 맨 바깥쪽에 위치한 분화되지 않은 세포인 **정원 세포**의 분열로부터 형성되기 시작한다. 정원세포는 체세포 분열로 그 수가 증가 하면서 **제1 정모 세포**로 성숙한다. 제 1 정모 세포는 **감수 제1분열**에 의하여 **제 2 정모 세포**가 되었다가 **감수 제2 분열**의 두 번째 분열에 의하여 **4개**의 **정세포**가 된다. 감수 분열 후 복잡한 변형 과정을 거치는 정세포는 먼저 긴 꼬리를 형성하고 세포핵을 포함하는 머리가 만들어진다. 머리와 꼬리 사이 부분에 미토콘드리아를 밀집시킴으로써 **정자**의 형성이 완성된다. 완성된 정자들은 부정소를 빠져나가 사정될 때까지 성숙하고 운동성도 가지게 된다. 사람의 경우 정원세포가 정자가 되기까지 약 64일이 걸린다.

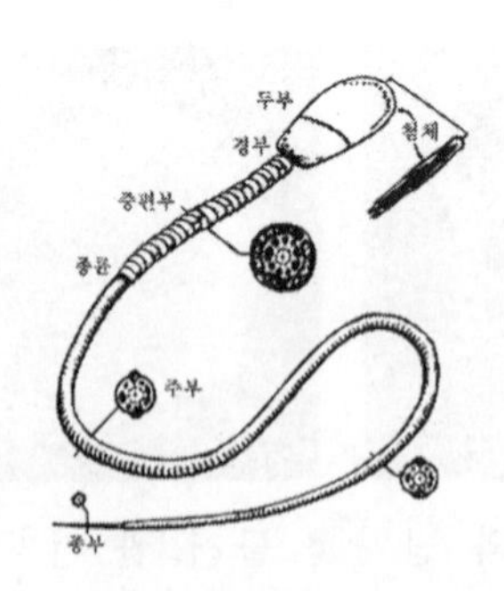

소 정자의 구조상의특징을 나타내는 모식도(Saache. 2000)

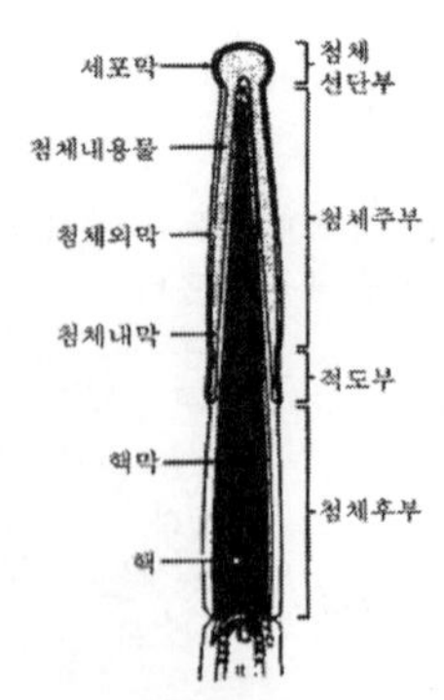

소 정자 두부의 시상단면도 (Saache. 2000)

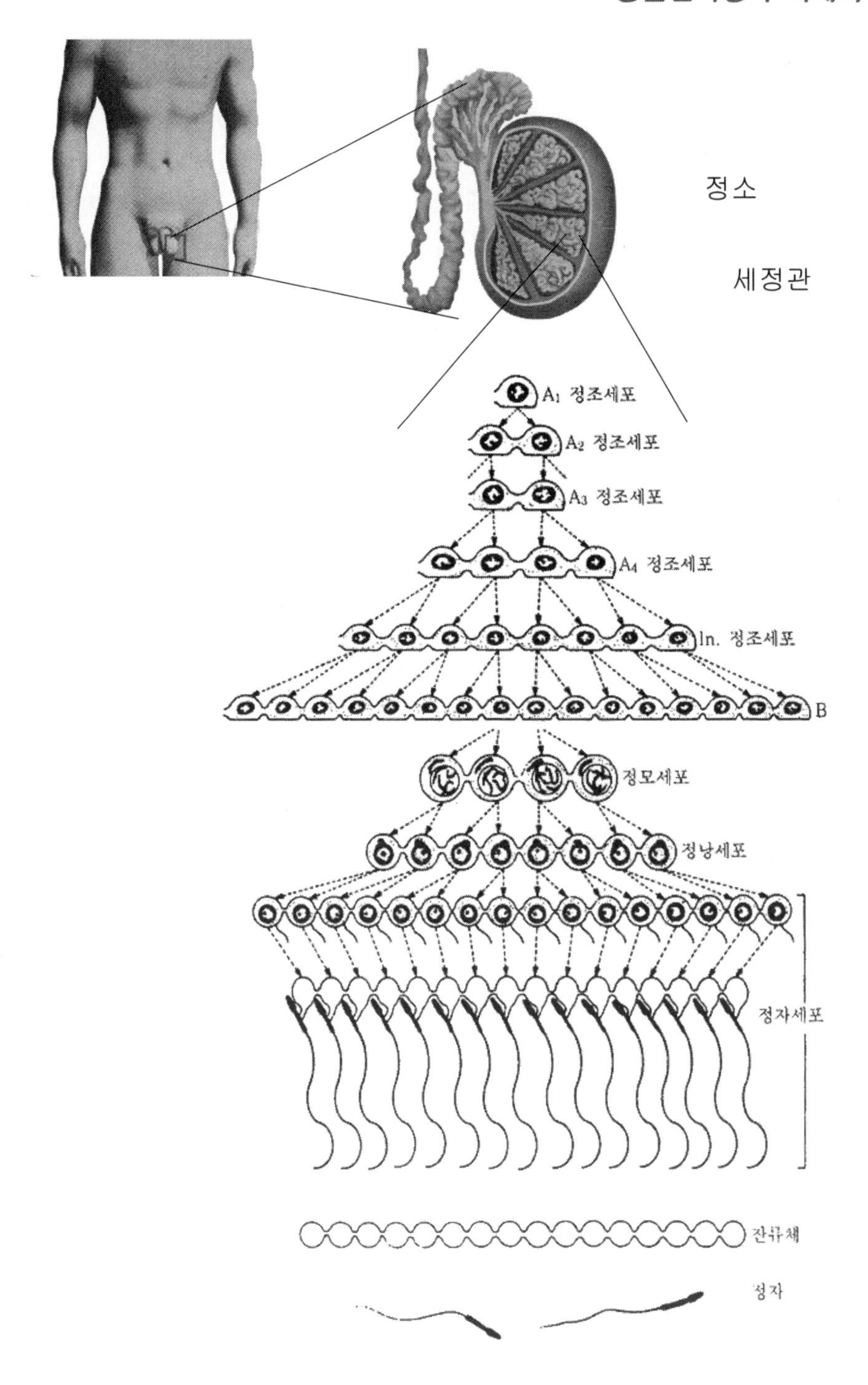

정자 형성 과정과 이 과정에서 출현하는 발달단계가 다른 세포의 모양을 나타내는 모식도(Bloom & Fawcett, 2000)

(2) 난 자(Ovum)

1) 난자의 구조

난자는 난자와 투명대로 이루어져있는데 투명대는 나중에 정자의 첨체에 있는 효소에 의해 녹는 부분이다.

2) 난자의 형성과정

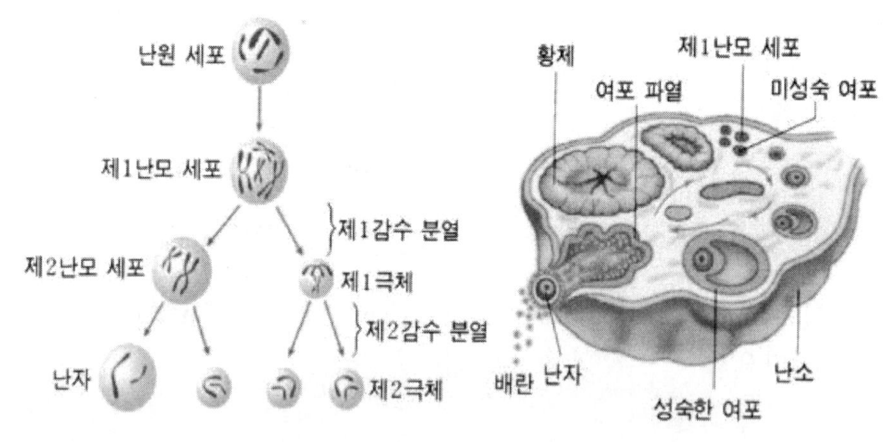

▲ 난자의 형성 과정

사람의 경우 여성의 생식 기관은 수정을 위하여 매달 한 개씩의 성숙한 난자를 만든다. 난자의 형성은 정자와는 달리 매우 오랜 기간을 거쳐서 이루어지며, 여성은 태어나기 전 태아 때 이미 일생동안 필요한 분화되지 않은 세포인 수십만 개의 난원세포를 형성하고 있다.

모체의 몸속에 있는 여성 태아의 몸속에 있는 난소의 **난원세포**는 체세포 분열에 의하여 **제1 난모 세포**가 된 후 감수 제1 분열 전기에 멈춰진 상태로 모체로부터 출생한다.

성성숙이 진행되는 사춘기가 되면 난소의 여포 속에 있던 제1 난모 세포는 멈추었던 감수 분열 과정을 완성하여 **제2 난모 세포**가 된다. 약 28일을 주기로 좌우 난소에서 제2 난모 세포의 상태로 배란되어 감수 제2분열 과정을 거쳐 성숙한 **난자**가 된다.

난자도 정자처럼 하나의 세포이지만 정자보다 훨씬 크며, 정자와 달리 운동성이 없기 때문에 난관벽에 있는 섬모의 운동을 통하여 자궁 쪽으로 이동한다.

정자와 난자는 감수 분열에 의하여 형성되므로 똑같이 23개의 염색체를 가진다. 그러나 **정원세포**는 같은 크기로 나뉘어져 **4개의 정자**를 만드는 데 비해, **난원세포**는 난황이 한 쪽으로 몰려있어 크기가 다르게 분열되므로 **한 개의 난자와 3개의 극체**가 만들어지며, **극체**는 염색체 수와 유전자량은 난자와 같지만, 난황이 거의 없어 크기가 매우 작으며 나중에 퇴화되어 없어진다.

감수분열은 생식 세포를 만드는 과정(감수 분열)에서 염색체 수가 반으로 줄어들기 때문에 이들의 결합으로 생기는 수정란의 염색체 수는 항상 체세포의 염색체 수와 같게 된다. 즉, 생식 세포 형성 시 DNA 량이 반감되어 대를 거듭해도 염색체 수와 DNA량을 일정하게 유지한다. 또한 상동 염색체 간의 교차 현상으로 유전자가 재조합 되어 다양한 자손들이 생길 수 있게 하는 진화의 기구가 된다.

① 제1 분열

제 1 분열은 상동 염색체(2가 염색체)가 나뉘는 과정으로 전기, 중기, 후기로 나누어지며, 다음과 같다.

- **전기** : 분열 시간이 길다. 상동 염색체가 쌍을 이루어 2가 염색체를 만든다. 2가 염색체는 각각 세로로 금이 가 4분 염색체가 되며 키아스마 현상으로 2분염색체가 교환된다.(유전적 재조합)
- **중기** : 2가 염색체(4분 염색체)가 세포의 중앙(적도판)에 배열한다.
- **후기** : 2가 염색체를 이룬 상동염색체가 분리하여 1가 염색체로 되어 양극으로 이동한다.
- **말기** : 양극으로 이동한 1가 염색체들이 염색사 상태로 풀리지 않고 세포질 분열과 함께 2개의 딸핵이 형성되어 염색체 수가 반감된다.(2n →n)

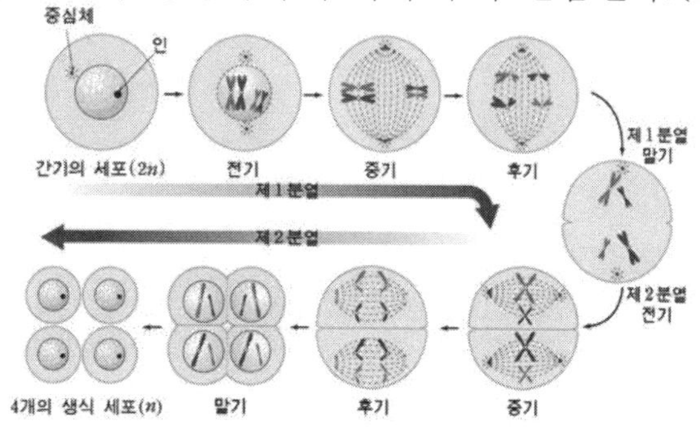

[감수 분열 과정(동물 세포)]

② 제2 분열

제 2 분열은 체세포 분열과 거의 유사하다. 즉 2개의 염색 분체로 된 1가 염색체의 염색 분체가 나뉘어 4개의 딸세포(배우자)를 생성하게 된다.

2. 조류의 난자 구조

닭과 같이 조류의 알은 눈으로 볼 수 있는 가장 큰 하나의 난자이자 세포이다.

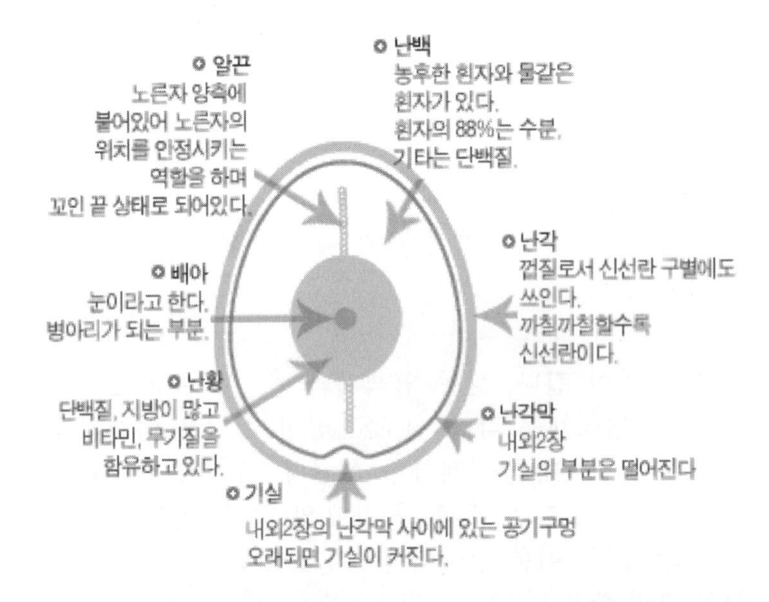

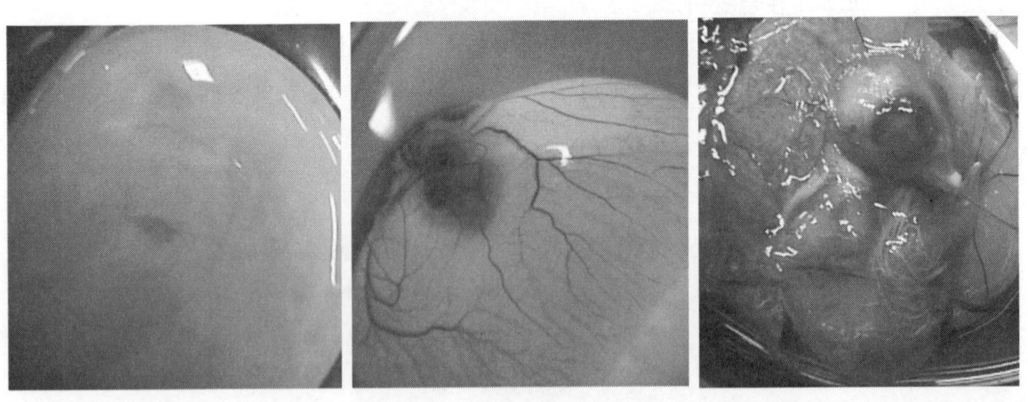

사진출처 : http://cafe.daum.net/baksy1104/5mYn/68

1) 난 각

난각은 주로 탄산칼슘으로 구성되어 있으며 그 외 마그네슘(Mg), 인(P), 망간(Mn) 및 난각과 연결기능을 갖는 소량의 단백질이 포함되어 있고 난각을 형성하는데 비타민 D가 중요한 역할을 한다.

2) 난각막

알껍질 속에는 2개의 난각막이 있다. 이쪽에 흰자위(난백)를 싸고 있는 막을 내난각막, 내난각막과 알껍질 사이에 있는 막을 외난각막이라 한다. 두 난각막은 서로 인접해 있으나 계란의 둔단부(鈍端部)에서 분리되어 기실을 형성한다. 두개의 난각막은 세균의 침입을 방지하는 역할을 한다. 가스는 난각막을 통과할 수 있다.

3) 기 실

계란은 낳자마자 식기 시작하여 계란 내용물이 응축 되므로 기실이 생긴다. 기실은 계란의 둔단부 위에 생기는 것이 정상이기 때문에 계란의 알 껍질 중에서 기공이 가장 많은 부분이 둔단 부위이다. 여름보다 추운 겨울에 기실이 크고 계란이 오래될수록 계란 내용물중의 수분이 증발되어 줄어 기낭은 더욱 커지게 된다.

4) 난 백

난백 혹은 흰자위는 선명하게 구분 될 수 있는 3층으로 이루어져 있다. 이 3층은 외층 수양성 난백중층, 농후 난백, 내층 수양성 난백이며 난황을 둘러싸고 있다. 계란이 나서 오래되어 가면 농후 난백은 차츰 수양성 난백 쪽으로 흡수되어 버린다. 계란의 중앙부위, 즉 난황의 종란 양축을 살펴보면 농축된 난백으로 꼬인 실 모양을 이루고 있는 두 개의 알끈을 볼 수 있다. 이들은 농후 난백층의 끝 부위에서 각각 생겨나와 난황을 싸고 있는 난황막에 이어져 있다.

이 두 알끈은 난백 보다 비중이 낮은 난항을 중심부위에 고정시켜주는 역을 맡고 있다.

5) 난 황

난황은 난황막으로 둘러 싸였으며, 주로 두 부위를 이루고 있다. 즉 황색난황과 그 안쪽에 들어있는 백색 난황이다. 백색난황의 비중은 황색보다 비중이 낮다. 백색난황은 또 황색 난황의 속을 뚫어 올라가는데 그 맨 위쪽 부위에 배반(암컷 생식 세포, Female germ cell)이 있다. 배반은 꼭 난황의 꼭대기 에 얹혀 있으며 만일 이 암컷 생식세포에 수컷 생식세포가 수정되면 배반은 무정란의 배반보다 약간 커진다(3-4mm). 수정된 알은 기온이 27℃(80°F) 이상 올라가면 배자 발육이 시작되게 된다.

Chapter 3
동 물 의 번 식 호 르 몬

1. 동물의 번식호르몬

가축에 있어서 모든 내분비기관은 어떤 형태로든지 번식현상에 대해 직·간접으로 영향을 미친다. 이들 중 번식현상과 보다 밀접한 관계를 갖고 있는 것으로서 시상하부, 뇌하수체, 태반, 성선 등을 들 수 있는데, 이들 내분비기관에서는 스테로이드호르몬이나 펩타이드 호르몬을 분비하고 있다.

(1) 시상하부 호르몬 (hypothalamus neuro-hormone)

시상하부(hypothalamus)는 뇌의 기저부에 위치하는 작은 구조물로서 앞으로는 시신경교차(optic chiasma)와 뒤로는 누두상체와 접해있다. 또한 시상하부-뇌하수체문맥을 통해 뇌하수체 전엽과 연결되어 시상하부에서 생성되는 신경분비물이 뇌하수체 전엽 호르몬의 방출을 촉진할 수 있도록 되어 있다.

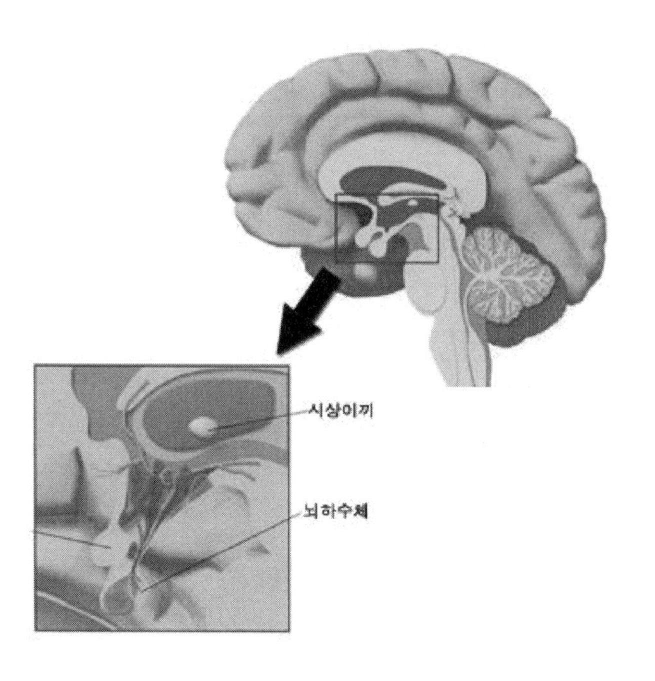

사진출처 : EnCyber.com

1) 황체형성호르몬 방출호르몬 (luteinizing hormone-releasing hormone : LH-RH)

황체형성호르몬 방출호르몬은 10개의 아미노산으로 구성되어 있고 분자량은 1,183이다. 뇌하수체 전엽에서의 LH의 방출뿐만 아니라 FSH의 방출도 이것에 의해 조절되므로 **성선자극호르몬 방출호르몬**(gonadotropic hormone : GTH)이라고도 부른다. 소에 있어서 난포낭종의 치료에 효과적으로 이용되기도 한다.

2) 갑상선자극호르몬 방출호르몬 (thyrotropic hormone-releasing hormone : TTH-RH)

갑상선 자극호르몬 방출호르몬은 뇌하수체 전엽의 갑상선자극호르몬의 방출을 조절하며 소에서는 **프로락틴**(prolactin)의 방출도 유도한다.

3) 프로락틴 방출 및 억제인자 (Prolactin inhibiting factor : PIF)

프로락틴 방출 및 억제인자의 화학적 성질은 밝혀지지 않았지만 저분자량의 폴리펩타이드로 추정된다. 이것은 뇌하수체 전엽 내의 프로락틴 분비세포에 직접 작용하여 이 호르몬의 합성과 방출을 동시에 억제하는 것으로 추측되고 있다.

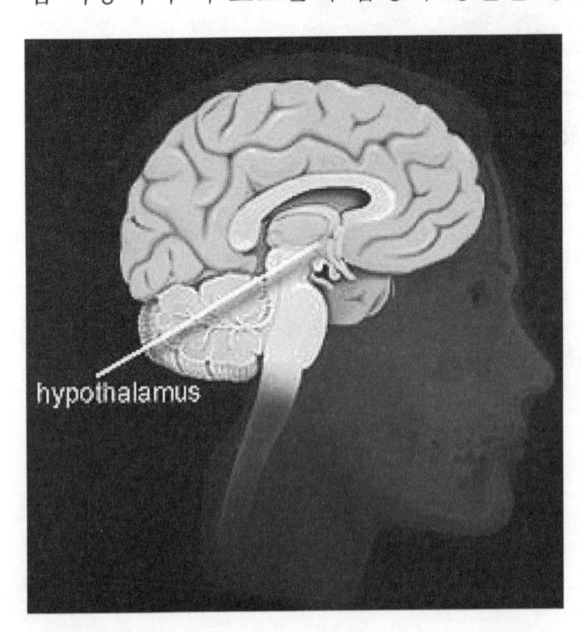

사진출처 : http://club.cyworld.com/5211293723/85108575

(2) 뇌하수체 호르몬

뇌하수체는 뇌의 아래쪽에 위치하고 각종 호르몬을 분비한다. 뇌하수체전엽과 후엽의 두 부분으로 크게 나눌 수 있는데 **전엽**에서는 GH, ACTH, TSH, LH 및 **프로락틴**을 분비, 방출하며 **후엽**에서는 시상하부에서 생성된 **옥시토신**(oxytocin)과 **항이뇨 호르몬**(antidiuretic hormone : ADH)을 저장, 방출한다.

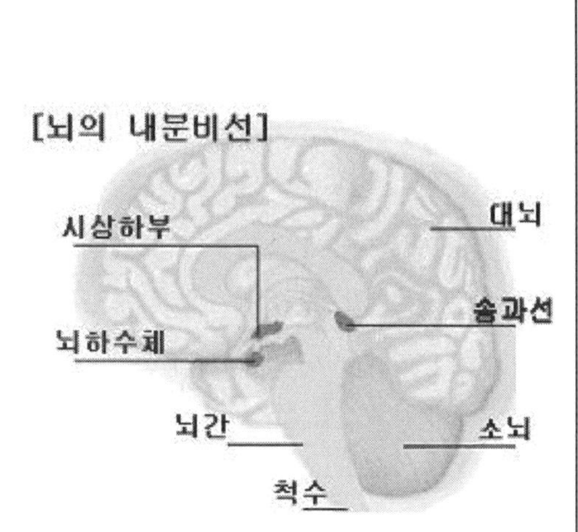

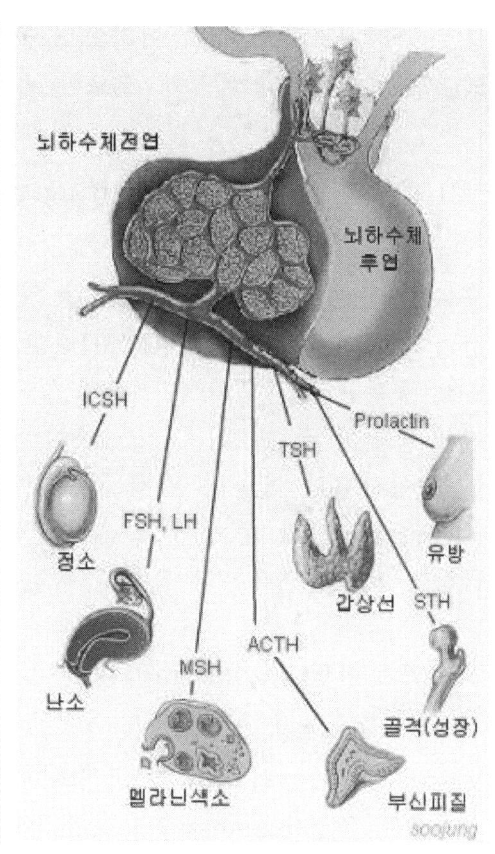

사진출처 : http://cafe.daum.net/hbenesu/Gk2g/132

1) 난포자극호르몬 (follicle stimulating hormone : FSH)

난포자극 호르몬은 뇌하수체 전엽에서 분비되는 당단백질인 성선자극호르몬의 하나로 분자량은 약 32,000이다. 암컷에 대해 FSH는 난소에서 난포의 발육과 **그라아프 난포**(Graafian follicle)의 성숙을 촉진하며 LH의 존재 하에서 에스트로겐(estrogen)의 분비를 유기한다. 한편, 수컷에 대해서는 정소의 간질세포(Leydig cell)을 자극하여 주로 테스토스테론(testostrone)의 분비를 자극하므로 간질세포자극호르몬이라고도 불리며 정자형성을 촉진한다. 또한 FSH는 체외수정, 수정란 이식 등에 필요한 과배란의 유기에 이용된다.

2) 황체형성호르몬 (luteinizing hormone : LH)

황체형성호르몬(LH)도 분자량이 30,000정도의 당단백질로서 FSH와 같은 성선자극호르몬의 일종이며 ICSH라고도 불린다. 암컷에서 LH는 기저수준에서 FSH와 공동으로 작용하여 난포의 성숙과 에스트로겐의 분비를 촉진하고, 배란 직전에 분비가 급증(LH surge)하여 배란을 유기한다. 또한 배란된 자리에 황체를 형성시킴과 아울러 황체를 자극하여 황체기능을 유지시켜 프로게스테론(progesterone)의 분비를 가능하게 한다. 수컷에서 LH는 정소의 간질세포를 자극하여 테스토스테론의 분비를 촉진한다.

3) 프로락틴 (prolactin)

프로락틴은 면양의 경우 198개의 아미노산으로 구성된 분자량은 24,000이다. PRL은 유선(mammary glands)에 작용하여 유즙분비를 자극하는 기능과 쥐에서는 황체를 자극하여 기능을 유지시키므로 최유호르몬 또는 황체자극호르몬이라고도 불린다. 그리고 중추신경계에 작용하여 모성행동(maternal behavior)을 유기한다.

4) 성장호르몬 (growth hormone : GH)

성장호르몬(GH)의 분자량, 아미노산의 간성 및 배열순서 등이 가축에 있어서 비슷한 점이 많다는 사실이 최근 연구결과 밝혀지고 있으며, 정확히 아미노산의 배열순서가 밝혀진 것은 사람과 함께 가축에서는 소와 면양 등이다. GH는 분자량이 대개 22,000정도의 폴리펩타이드이다. 그 생리적 기능은 모든 조직에서 성장을 촉진하여 번식기능을 유지토록 하며 난소의 에스트로겐 분비를 직·간접으로 자극하여 자궁의 성장을 돕는다.

5) 갑상선자극호르몬 (thyroid stimulating hormone : TSH)

갑상선자극호르몬(TSH)은 LH와 같이 화학적 본태는 당단백질로서 소의 경우 분자량은 26,000이다. TSH는 갑상선을 자극하여 갑상선호르몬(thyroxine)의 분비를 조절하는데, 이 갑상선호르몬은 대사를 조절하는 기능을 갖고 있기 때문에 번식기능에 중요한 역할을 하고 임신 시 태아의 발달에도 영향을 미친다.

6) 옥시토신 (oxytocin)

옥시토신은 시상하부에서 합성되어 뇌하수체 후엽으로 이행, 저장되어 있다가 필요시에 방출된다. 옥시토신은 8종의 아미노산으로 구성된 펩타이드로 자궁근의 수축을 유발하여 분만 시 태아와 태반의 만출(presentation)을 용이하게 할 뿐만 아니라 난관의 수축빈도를 증가시켜 난관 내에서의 난자와 정자의 이송에 관여하는 것으로 믿어지나 옥시토신이 자궁과 난관의 수축에 작용하는 기전은 명확히 밝혀져 있지 않다. 그리고 유선에서의 유즙의 배출을 돕는다.

(3) 태반호르몬

임신한 포유동물의 태반(placenta)과 자궁내막(endometrium)에서는 임마혈청성 성선자극호르몬(pregnant mare's serum gonadotropin: PMSG), 임부융모성 성선자극호르몬(human chorionic gonadotropin: HCG)와 태반성락토젠(placental lactogen: PL) 등이 분비된다.

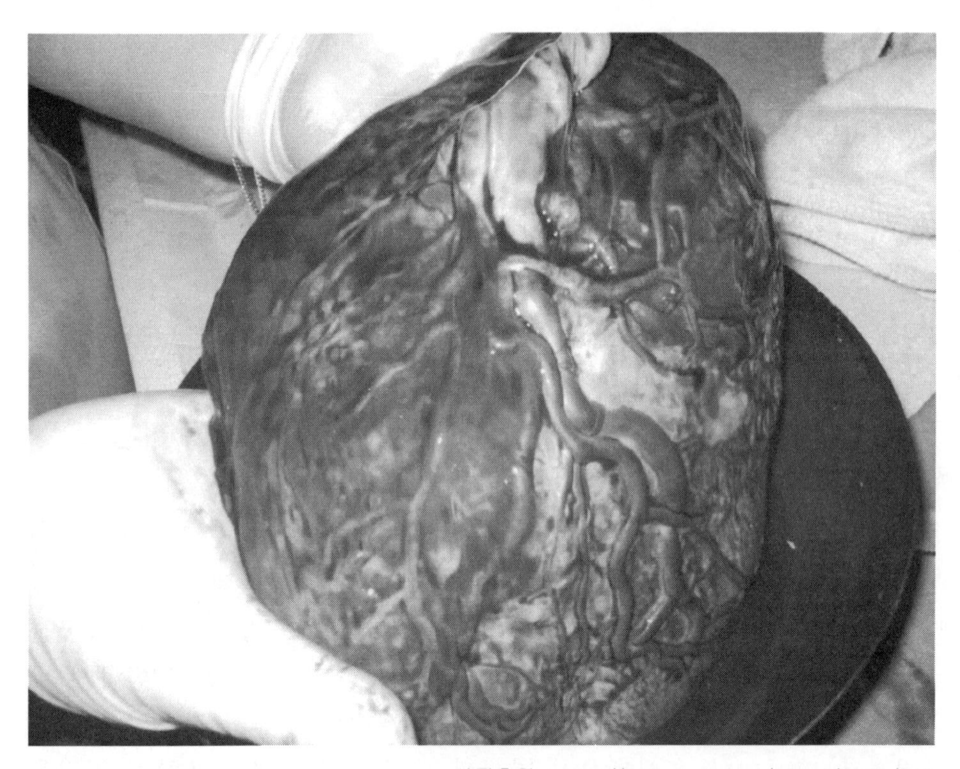

사진출처 : http://cafe.daum.net/femail/DoVk/162

1) 임마혈청성 성선자극호르몬 (pregnant mare's serum gonadotropin: PMSG)

임마혈청성 성선자극호르몬(PMSG)은 분자량이 28,000으로서 FSH와 LH 같이 당단백질이나 탄수화물의 함량이 매우 높아서 거의 50%를 차지한다. 이 호르몬은 임신한 말의 혈청에서 검출되는데, 임신 60일에 최고수준에 이르며,

그 후 급격히 감소되어 임신 120일경에는 거의 검출되지 않는다. PMSG의 기능은 FSH와 LH의 생리작용을 겸하고 있으나 FSH의 기능이 훨씬 강하다. 그리고 임신한 말의 혈청으로부터 분리, 정제가 쉽게 되어 소, 돼지, 면양 등의 수정란이식을 위한 과배란의 유기시 난포발달을 촉진시키는데 이용된다.

2) 임부융모성 성선자극호르몬 (human chorionic gonadotropin: HCG)

임부융모성 성선자극호르몬(HCG)의 화학적 본태도 PMSG와 같이 당단백질로서 분자량은 40,000이다. 임신 8일부터 뇨(尿)중에서 검출이 가능하며, 최종월경일로부터 62일에 최고수준에 이른다. HCG도 FSH와 LH의 생리기능을 갖고 있으나 LH의 기능이 훨씬 강하다. 젖소에서는 난포낭종의 치료에 사용되며, 과배란 유기시 배란촉진제로 이용된다.

3) 태반성 락토젠 (placental lactogen: PL)

태반성 락토젠(PL)은 프로락틴과 GH와 유사한 화학적 성질을 지닌 펩타이드로 분자량은 22,000-23,000이다. PL은 사람, 흰쥐, 산양, 면양 및 소를 포함한 여러 동물의 태반조직으로부터 추출된다. PL의 정확한 기능은 밝혀지지 않고 있으나 프로락틴유사기능 보다 GH유사기능이 강한 것으로 보이는데, 태아의 성장에 필요한 모체 영양물질의 조절에 중요한 역할을 하고 젖소에 있어서는 유즙분비를 촉진하는 기능을 갖고 있는 것으로 믿어진다.

(4) 성선 호르몬

성선에서는 안드로젠(androgen), 에스트로겐(estrogen), 프로제스테론(progesteron) 등의 성스테로이드호르몬(sex steroid hormone)이 주로 분비되나, 이 외에도 릴랙신(relaxin)과 인히빈(inhibin)이 분비된다.

성스테로이드호르몬도 다른 스테로이드호르몬과 마찬가지로 콜레스테롤(cholesterol)로부터 프리그네놀론(pregnenolone)을 거쳐 합성된다.

1) 안드로젠 (androgen)

안드로젠은 LH(ICSH)의 자극을 받아 정소의 간질세포에서 분비되는 수컷 생식호르몬으로 생리적 활성이 가장 높은 것이 테스토스테론이다. 안드로젠은 곡세정관(seminiferous tuble)에서의 정자형성을 촉진하고, 부생식선의 성장과 발달을 지배한다. 또한 수컷의 2차 성징(secondary sexual characteristic), 성행동과 성욕(libido)은 물론 태아의 수컷 생식기관 발달이 안드로젠에 의하여 조절된다.

2) 에스트로젠 (estrogen)

에스트로젠은 발정호르몬 또는 난포호르몬으로 불리며 주로 난소에서 분비되는 호르몬으로 스테로이드호르몬 중 가장 다양한 생리기능을 갖고 있다. 에스트로겐은 발정을 유기하는데 면양이나 소에서는 에스트로겐과 함께 소량의 프로제스테론이 필요하다. 또한 자궁내막의 분비조직의 증식, 발정주기에 있어서 질상피조직의 변화, 유선의 발육 등도 에스트로겐에 의해 이루어진다. 이 외에도 자궁수축에 있어서 옥시토신과 프로스타그랜딘 F2α(PGF2α)의 작용을 강화시키고 암컷의 신체적 2차 성징 발현을 지배한다.

3) 프로게스테론 (progesterone)

프로게스테론(에스트로겐+프로게스틴)은 난소의 황체세포로부터 주로 분비되므로 황체호르몬(luteal hormone)이라고 불리며 태반과 부신으로부터 소량 분비된다.

가축에서는 주로 LH의 자극에 의해 이 호르몬이 분비된다. 프로게스테론은 자궁내막 분비선의 발육을 촉진하여 착상을 성공적으로 이루어지도록 하고 임신을 유지시키는 역할을 한다. 또한 면양과 소에 있어서 에스트로겐의 발정유기 작용에 대하여 상승적으로 작용하고 유선의 발육에도 관여한다.

4) 릴랙신 (relaxin)

릴랙신의 난소에서 분비되지만 스테로이드호르몬이 아니고 분자량이 5,700인 폴리펩타이드로 인슐린과 구조가 비슷하나 기능은 다르다. 릴랙신은 임신기간 중 주로 황체에서 분비되나 어떤 종에서는 태반이나 자궁에서도 분비된다. 이 호르몬의 특징은 에스트로겐과 협동으로 유선을 발육을 돕니다.

5) 인히빈 (inhibin)

인히빈은 수컷 정소의 세르토리세포와 암컷 난소의 과립세포(granulosa cell)에서 생성된다. 인히빈은 뇌하수체로부터 LH의 방출에는 변화가 없어 FSH의 방출을 억제시키는데, 그 정확한 기작은 잘 알려져 있지 않다.

(5) 프로스타그랜딘 (prostaglandins, PGs)

프로스타그랜딘은 어떤 특정 조직에서 분비되는 것이 아니고 신체의 여러 국소조직에서 생성되고 작용범위도 다른 호르몬들에 비하여 생성조직을 중심으로 좁기 때문에 조직호르몬(tissue hormones)이라고도 불린다. PGs는 사이클로펜탄환(cyclopentane ring)을 갖고 있고 탄소수 20개의 불포화 지방산의 형태이며 필수지방산인 아라키도닉 산이 PGs의 전구물질이다. 여러 가지 종류의 PGs중 번식과 관련이 밀접한 것은 프로스타그랜딘 F2α(PGF2α)와 프로스타그랜딘 E2(PGE2)이다. 그리고 PGF2α는 소와 면·산양에서 **발정주기 동기화** (synchronization of estrus) 또는 **유산유기**에 사용된다.

Chapter 4
성 성 숙 과 성 주 기

1. 성 성 숙

(1) 성성숙의 개념

동물, 조류는 암수 모두 생후 어떤 연령에 이르면 생식 가능한 상태가 된다. 즉 암컷은 수컷과 교배해서 임신이 되고, 수컷은 암컷과 교배해서 임신시킬 수 있는 상태이다. 이 상태를 **성성숙**(sexual maturity)에 이르렀다고 한다. 이와 같이 동물이 어린 시절을 지나 생식 가능한 상태로 되는데 에는 비교적 긴 시간적, 사정기능이 확립(수정 가능한 정자의 사출)됨으로써 성성숙이 되었다고 할 수 있다. 그러나 일반적으로 이들은 혼동해서 사용되는 때가 많다.

수컷에서는 정소의 급격한 발육과 세정관 내에 정자의 출현으로 춘기발동이 시작되고, 사정기능이 확립(수정 가능한 정자의 사출)됨으로써 성성숙이 되었다고 할 수 있다. 암컷에서는 난소의 급격한 발육과 배란 가능한 큰 난포가 발육될 때를 춘기발동이라 하고, 수정, 임신, 분만 및 포육이라고 하는 일련의 생식기능을 전부 할 수 있는 상태의 배란이 일어날 때를 성성숙이라고 할 수 있다. 그러나 실제로는 2차 성징의 발현, 초발정의 외부 징후를 성성숙 지표로 삼고 있다. 성성숙에 이른 후의 동물은 그 동물 특유의 번식주기를 반복한 후에 생식기능의 감퇴기에 들어간다. 이시기를 **갱년기**(climacterium)라고 부르고, 동물, 조류는 경제동물이기 때문에 보통 갱년기에 들어가기 전에 도살 처분되어진다.

(2) 성성숙이 일어나는 기전

성성숙 과정은 동물이 어떤 연령에 이르면 급속하게 개시되지만, 이 과정은 **시상하부뇌하수체-생식선**으로 하는 축의 상호작용에 의해서 이루어진다.

춘기발동 이전의 어린 동물의 생식기관이 생식자극호르몬에 반응해 스테로이드 호르몬을 분비할 수 있다. 어린 동물의 뇌하수체를 뇌하수체가 제거된 성숙한 동물의 시상하부에 이식하면 그 동물의 발정주기를 유지할 수 있다. 더구나 거세한 성숙동물의 뇌하수체에 나타나는 거세반응(조직학적으로는 공포한 거대세포의 존재, 생리적으로는 혈중 생식선자극호르몬치의 상승)은 춘기발동 전의 동물에서도 나타난다. 이 사실들은 어린 동물의 시상하부가 춘기발동을 억제하고 있다는 것을 나타내는 것으로 생각된다. 확실히 시상하부는 생식선의 기능을 통제하는 번식기능계에 있어서 뇌하수체-생식선의 상위에 위치한다. 한편 이 **시상하부-뇌하수체-생식선계**는 상위에서 하위로의 정보전달과 함께 하위로부터 상위로의 정보전달에 의해 전체로서 기능의 항상 성체기능 억제의 해제만은 아니고, 어릴 때에 전반적으로 존재하는 피드백(feedback) 기구도 생각하지 않으면 안 된다. 즉 어느 날 갑자기 시상하부에 의한 억제가 해제되어 생식선자극호르몬의 분비가 시작되는 것은 아니다. 생식선과 시상하부-뇌하수체계의 상호작용이 존재하기 때문이다.

암컷에서는 춘기발동에 이를 때까지 난소가 전혀 활동하지 않은 것은 아니다. 이미 그 이전에 미량이지만 estrogen을 분비하고 있으며, 이 양은 부생식기를 발육시키는 데에는 충분하지 않지만 성중추에 대해서는 부의 피드백(negative feedback)에 의해 생식선자극호르몬의 방출은 일어나지 않는다. 그러나 춘기발동기가 가깝게 되면 estrogen에 대한 시상하부의 역치(threshold)가 상승하고, 유년기의 estrogen수준에서는 억제시킬 수 없게 된 생식선자극호르몬 방출호르몬의 분비가 시작되며 춘기발동에 이른다고 설명할 수 있다.

수컷에 있어서도 성성숙의 도래는 성중추에 대한 억제, 해제에 의한 것이라고 생각되어지지만, 수컷에서는 출생 전후에 이미 체내에 존재하는 미량의 안드로젠(androgen)에 의해 성중추는 웅형으로 되고, 암컷에서와 같은 주기성을 갖지 않는 형으로 분화되어진다.

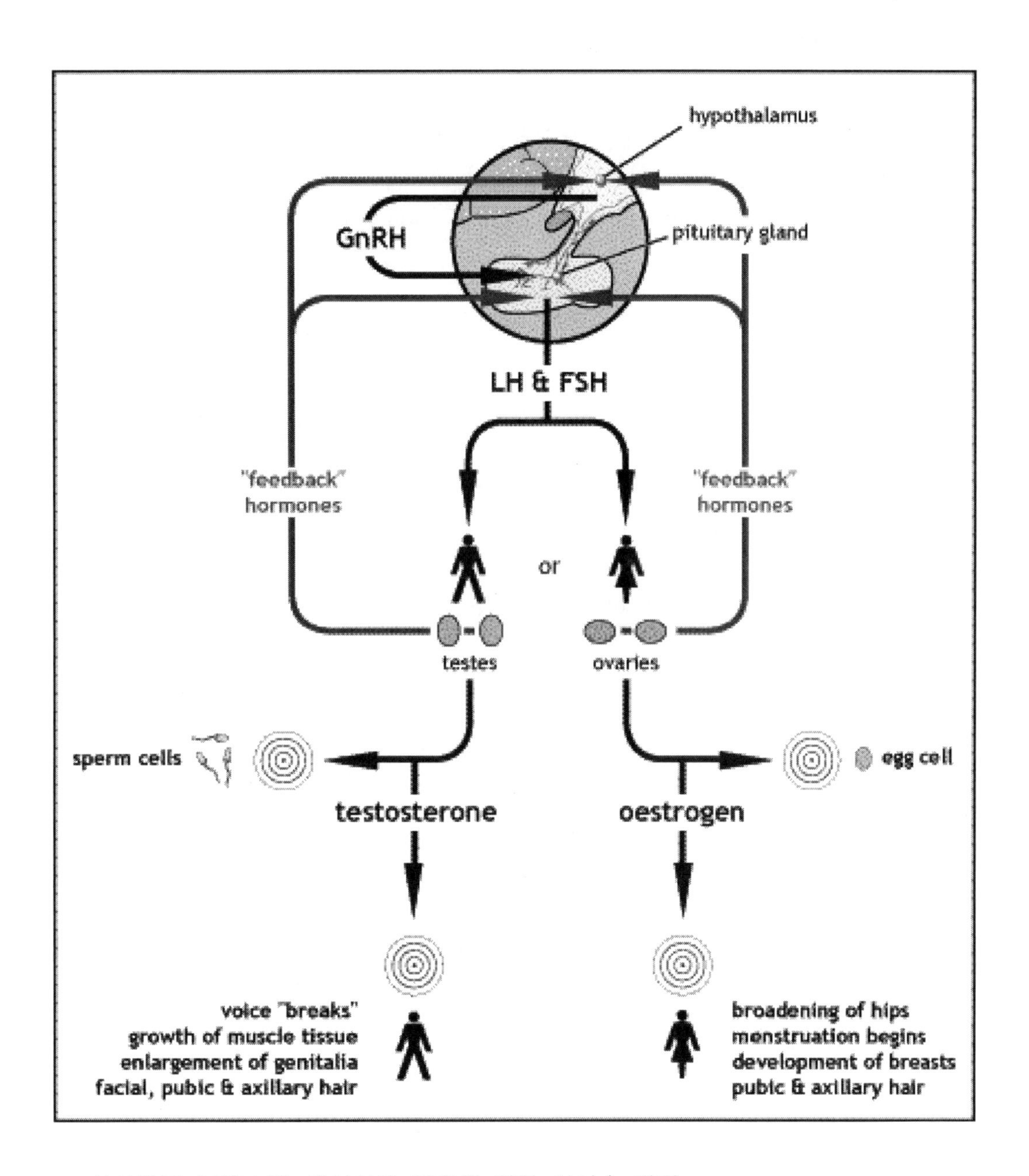

시상하부-뇌하수체-생식석계 작용에 의한 성성숙 기전
자료 출처: http://www.devbio.biology.gatech.edu

(3) 성성숙에 영향을 미치는 요인

동물에 있어서 성성숙의 도래는 동물종, 품종, 계통에 따라 차이가 있고, 더구나 육성기의 사양관리, 영양상태의 양부에 따라서도 차이가 생기지만 일반적으로 저영양, 추위, 더위, 질병 등의 성장을 지연시키는 인자는 성성숙을 지연시키는 것으로 알려져 있다.

1) 유전적 요인

성성숙은 일반적으로 체구가 큰 동물종 보다 체구가 작은 동물종의 편이 빠르다. 또한 개에서 나타나는 바와 같이 똑같은 동물의 종에서도 소형품종은 빠른 경향이 있다.

품종간 교섭에 의해서 생기 새끼는 순수종의 새끼보다 성성숙이 빠르다. 근친교배에 의해서 생긴 새끼는 성성숙이 늦은 것으로 알려져 있다.

소에서는 일반적으로 유용종은 육용종보다도 성성숙이 빠르다. 암소의 성성숙을 품종별로 보면 유용종인 Jersey종은 평균 8개월, Holstein 9~11개월, Guernsey 11개월, Ayrshire 13개월이며, 육용종의 Hereford 13개월, Brahman 15개월로 되어 있다.

돼지에서는 초배란의 시기를 품종별로 보면 Poland China 평균 224일, Yorkshire 252일, Large Yorkshire 258일, Berkshire 270일로 상당히 차가 있는 것으로 나타난다. 이와 같이 동물종이나 품종에 따라 더욱이 동일 품종에 있어서도 계통에 따라 조숙, 만숙의 차이가 보이는 것은 유전적 요인이 성성숙 도래에 큰 영향을 미친다는 것을 입증하는 것이다.

2) 환경적 요인

① 영 양

신체발육에 지장을 초래할 만큼의 영양부족은 내분비선의 호르몬 합성과 분비에 영향을 주게 되며, 그 결과 생식기의 정상적인 성장과 발육도 지연된다. 즉 성장을 지연시키는 요인은 성성숙도 지연시킬 것이다. 한편 성장을 촉진시킬 정도의 양호한 영양조건은 성성숙을 촉진시킬 수 있다. 특히 영양과 성성숙과의 관계를 조사한 보고는 상당히 많다. 대체로 저영양에서는 성성숙이 지연되며, 극단의 저영양 수준으로 장기간 사육한 후에는 다시 정상으로 영양공급이 되더라도 성기능이 회복되지 않는 경우가 많다.

② 계 절

출생계절에 따라 성성숙시기가 크게 달라질 수 있다. 이러한 영향은 계절번식동물에서 더욱 뚜렷하다.

계절의 영향 중에는 온도의 영향도 일부 포함되겠지만 대부분이 광주성(photoperiodism), 즉 일조시간과 관련이 있다.

늦여름부터 초가을에 발정이 오는 면양과 산양의 경우, 이른 봄에 태어난 자양은 6~8개월 때인 그 해에 이미 상당한 체중에까지 도달되기 때문에 발정이 출생당년에 올 수 있으며, 늦봄에 출생한 자양보다 성성숙이 빠르다. 그러나 여름과 가을에 출생한 자양은 그 이듬해의 번식계절, 즉 이듬해 가을이 오기까지는 발정이 오지 않는다.

돼지에서 계절의 영향은 일정하지 않으나, 가을에 분만된 미경산돈(gilt)이 봄에 분만된 것보다 더 일찍 성성숙에 도달된다는 보고가 있다. 이러한 계절의 영향은 품종에 따라서 차이가 있다. Zimmerman 등(1960)에 의하면 Chester White는 봄에 분만된 미경산돈이 가을분만의 경우보다 일찍 발정이 오지만, Poland China는 오히려 가을 분만이 봄 분만의 경우보다 13일 일찍 발정이 온다고 하였다.

③ 온 도

Dale등(1959)이 Santa Gertrudis, Brahman 및 Shorthorn종의 송아지를 가지고10°c 와 27°c의 온도조건하에서 성성숙에 영향을 미치는 환경온도의 영향을 조사한 결과에 의하면 Brahman과 Shorthorn은 27°c에서 성장은 좋았으나, 고온의 영향으로 춘기발동기는 10°c 보다 늦었고, Santa Gertrudis에서는 온도가 성성숙에 별로 영향을 주지 않는다.

늦봄에 분만된 미경산돈은 여름 더위로 발육이 늦어짐에 따라 다른 계절에 분만된 것보다 성성숙이 늦어질 수 있다. 대부분의 동물은 극단으로 온도가 높거나 낮을 때 성성숙은 지연되며, 이는 고온환경에서 FSH와 LH의 분비가 저하되기 때문이다.

④ 기타 요인

특히 암돼지(sow)는 주변의 환경변화에 따라 춘기발동기가 달라질 수 있다.

정상사육 조건에서 홀로 사육할 경우 232일(116kg)에 성성숙에 도달되나, 군사할 때는 191일(105 kg)로써 성성숙이 빠르다 또한 돼지와 면양에서는 수컷과 함께 있을 때 성성숙이 빨라지는 경향이 있다. Hughes & Cole(1978)은 150~170 일령 때 수퇘지와 접촉시키면 더욱 성성숙이 빨라진다고 하였다. 돼지는 수송 또는 환경을 바꿔주면 춘기발동의 촉진이 일어난다. 이 밖에도 동물은 건강상태, 위생조건 사육시설이 불량할 때 성성숙이 지연된다.

2. 생식주기

동물의 생식활동에는 주기적으로 변동하는 몇 개의 현상이 나타나며, 이들은 생리적인 의의나 주기의 길이 등에 따라 여러 개의 주기로 구별된다. 이와 같은 생식활동에 나타나는 주기적인 현상을 총칭해서 **생식주기**(reproductive cycle) 라고 한다.

포유류 및 조류의 생식주기
① 번식생활사
② 계절주기
③ 완전생식주기
④ 불임생식주기
⑤ 일주기

(1) 번식생활사(Life cycle in reproduction)

동물의 생식활동은 생애를 통해서 볼 수 있는 것은 아니며 춘기발동을 시초로 성성숙 과정을 거쳐 생식활동기에 들어간다. 이윽고 나이가 들면 생식기능쇠퇴기를 거쳐서 생식선 노화에 들어간다. 이것은 세대를 걸쳐서 보면 주기적인 현상이 있어 이것을 번식에 있어서 생활사라고 한다.

(2) 계절주기(Seasonal cycle in reproduction)

연간 어떤 일정의 계절에 한해서 번식활동이 나타나 생식기관의 형태와 기능이 계절에 따라 변하는 주기를 계절주기라고 한다. 일반적으로 야생동물의 번식활동은 1년 중 기온과 먹이를 얻는 조건이 가장 좋은 계절에 새끼를 낳는다. 이것이 계절주기의 기초로 되어 있다. 따라서 열대지방에 살고 있는 야생동물에 비해 계절주기가 명확치 않는 경향이 있다. 또한 일반적으로 수컷은 암컷에 비해 계절주기를 표시하지 않는 것이 많다.

계절주기를 나타내는 동물의 **계절번식동물**(seasonal breeder)이라고 한다. 번식활동을 나타내는 계절을 **번식계절**(breeding season), 휴지하고 있는 계절을 **비번식계절**(non-breeding season)이라고 한다. 이것에 대해 계절주기를 표시하지 않는 동물을 **주년번식동물**(non-seasonal, continuous breeder)이라고 한다. 전자에 속하는 것은 말, 면 · 산양, 밍크, 여우, 개, 고양이, 사슴, 곰 등으로써 온대에 살고 있는 야생의 포유류 및 조류가 많다. 후자에 속하는 것은 가축화된 동물로써 소, 돼지, 토끼, 모르모트, 쥐 등이 포함되어 있다.

야생의 계절번식동물에는 비번식계절 중에 생식선기능이 저하해서 정자형성이나 웅성호르몬의 분비가 정지하는 것이 있다(사슴, 여우, 밍크 등), 이들의 야생동물에서는 번식계절 중에 수컷은 행동상에 큰 변화를 나타낸다. 즉 흉폭 또는 투쟁적으로 된다.

계절주기의 발현에는 일조시간, 온도, 영양, 이성의 존재 및 기타의 환경요인이 관여하고 있다.

1) 광선의 영향

계절번식동물에는 **단일성 번식동물**(short day breeder; 면 · 산양, 사슴, 순록, 멧돼지)과 **장일성 번식동물**(long day breeder; 말, 곰, 여우, 밍크, 야조)이 있다고 알려져 있다.

북반구에 있어서 면 · 산양은 9~11월이 번식계절이지만, Yeates(1949)는 면양으로서 등(1951)은 산양으로써 각각 일정시간 암실에 넣어서 단일처리를 해서 번식계절을 앞당길 수가 있었다.

한편 말에서는 4~7월이 번식계절이지만 Burkhardt(1947)은 영국에서 Pony에 대해 12월에 난소가 휴지상태에 있는 것을 확인하고서 야간에 일정기간 점등을 행한 경우 2월에 발정이 나타났으며 교배해서 임신도 가능하다고 했다. 이 실험에서 눈으로 들어오는 광선의 영향을 차단하기 위해서 안대를 한 말에서는 번식계절의 시작이 무처치의 대조구의 말과 똑같다는 것은 주목된다.

이것에서 아는 바와 같이 계절주기에 미치는 광선의 영향은 망막에서 시신경을 거쳐 중추에 이르러 시상하부에 전달되어 Gn-RH의 분비를 촉진하고, 전엽으로부터의 GTH의 분비를 촉진하는 것으로 알려져 있다. 면양에 있어서 전엽의 LH와 FSH의 함량이 장일 계절보다도 단일 계절에 있어서 높다는 것이 증명되었다.

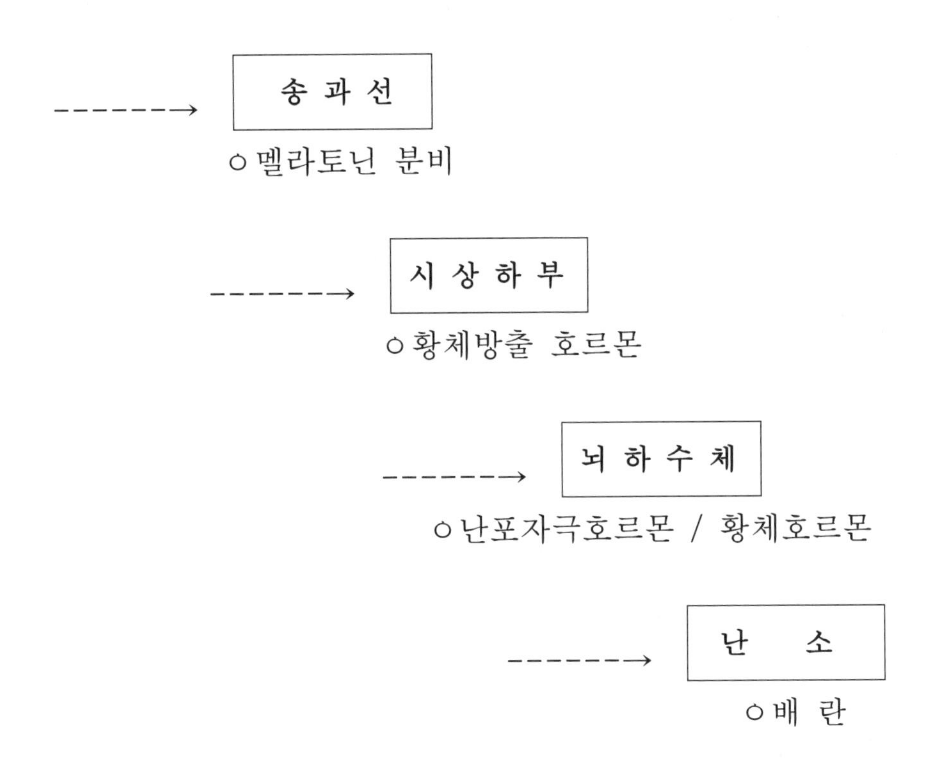

- 일장(낮의 길이)이 암사슴의 발정과 배란에 미치는 영향 -

2) 온도의 영향

포유류에 있어서 계절주기에 미치는 온도의 영향은 광선의 영향보다 뚜렷하지 않지만, 하등척추동물 특히 파충류에서는 계절에 의한 온도변화는 번식활동의 조절에 있어서 주역을 맡고 있다.

면양에서 여름철에 더위를 막는 장치를 하면 번식계절의 조절에 있어서 주역을 맡고 있다.

면양에서 여름철에 더위를 막는 장치를 하면 번식계절의 개시가 빨라 이루어지는 것을 알 수 있다. 소와 돼지 같은 연중 번식동물에서는 여름에 **둔성발정**(silent heat)이 간혹 일어나지만, 이것은 환경온도와의 관계가 깊은 갑상선 기능의 저하도 관계하고 있다고 추찰된다. 이것은 암소에서 갑상선을 떼어내면 둔성발정이 많다는 것으로 생각할 수 있다.

3) 사료급여의 영향

일반적으로 먹이의 양이 증가하면 활력이 증진하는 것으로 알려져 있다. 이 현상은 봄철 풀 성장기에 초식동물에서 현저하게 나타난다. 이 시기의 난소에서는 다른 시기보다도 활발한 난포의 발육이 나타난다. 동물을 번식에 공용하기 전에 몇 주간에 걸쳐서 사료의 양과 질을 증가하는 수단을 **플러싱(flushing)**이라고 부르지만, 면양에 있어서 번식계절이 시작하는 몇 주일 전부터 번식계절에 걸쳐서 flushing을 하면 쌍자율이 높고 세 마리의 새끼도 간혹 얻어진다. Flushing은 다른 동물에서도 많이 행해져 돼지에서는 산자수의 증가, 소와 말에서도 수태증진의 수단으로 사용되어진다.

(3) 완전생식주기(Complete reproductive cycle)

암컷이 교배해서 임신이 성립한 때에 나타나는 완전한 형태의 생식주기를 완전생식주기라고 한다. 난포발육, 배란, 수정, 착상, 임신, 포육에 이르는 일련의 과정이 포함되며, 이것이 반복된다. 항상 자웅이 동거해 있는 경우에 이 주기가 나타나지만, 완전주기만이 반복하지 않고 사이에 불임생식기가 들어간다. 일부 동물 종에서는 완전생식주기 중에 **착상지연**(delayed implantation)라고 불리는 현상이 나타난다. 이것은 일반의 동물에 있는 것과 같이 배(embryo)가 자궁에 들어가서 곧 바로 자궁내막에 착상하는 것이 아니고 부유 상태를 계속해서 어떤 조건이 정비된 때에 비로소 착상하는 것을 가리킨다. 이 경우 외견상으로는 임신기간은 연장된다. 이것에는 보통 완전생식주기 중에 착상지연이 들어가는 형과 비유 중에 수정이 일어난 경우에 한해 착상지연이 나타나는 형이 있다. 전자에 속하는 동물은 밍크, 오소리, 바다표범 등이 이 형에 속하고, 후자의 예에는 캥거루, 쥐 등에 나타나기 때문에 비유 중에 배는 부유한 채 생존해 있다고 비유가 끝나면 착상해서 정상의 임신기에 들어간다.

(4) 불임생식주기(Infertile reproductive cycle)

성숙한 암컷이 수컷과 떨어져 교배가 행해지지 않는 경우 혹은 교미가 행해져도 수정 또는 착상이 성립되지 않는 경우 암컷은 완전생식주기에 들어가지 못하며, 동물 종에 따라 가가 거의 일정한 일수를 갖고서 각기 고유의 주기를 반복한다. 이것을 불임생주기 또는 불완전 생식 주기라고 한다. 일반적으로 성주기라고 불리는 것은 이 불임생식주기를 지칭한다.

성숙 암컷에서는 비임신시에 난소에서는 난포발육, 배란, 황체퇴행이 반복되어지며, 이것을 난소주기라고 한다. 난포가 발육하는 시기를 난포기, 황체가 활동하고 있는 시기를 황체기라고 한다. 난포기에는 난포에서 estrogen이, 황체기에는 황체에서 progesterone이 각각 분비되어 이들의 호르몬에 의해서 자궁 및 질에 각각 특징적인 난포상 및 황체상을 나타낸다.

일반적으로 동물에서는 난포기에 만 수컷을 허용하여 발정을 나타내기 때문에 이 현상을 지표로 해서 발정부터 다음 발정까지를 발정주기라고 부르고, 사람과 원숭이에서는 **월경**(menstruation)을 지표로 해서 월경주기라고 부른다.

이 성주기의 발현은 **시상하부-뇌하수체전엽-생식선**을 축으로 상호조절기구에 의해서 지배되지만, 시상하부의 움직임에 자웅의 차가 있기 때문에 수컷에서는 암컷에서와 같은 주기를 나타내지 않는다.

1) 소형 주기

소를 포함한 대 · 중동물, 모르모트 등에서 나타나는 형으로써 난포기, 자연배란, 기능적인 황체의 형성에 의한 황체기가 존재하고 불임의 경우는 교미 유무에 관계없이 이 주기를 반복하기 때문에 이와 같은 동물을 **다발정 동물**(polyestrus animal)이라고 한다.

2) 사람형 주기

사람을 포함한 영장류에 나타나는 형으로써 본질적으로는 소형과 같지만, 황체퇴행기에 자궁내막으로부터 출혈이 나타나는 것이 특징이다. 다발정형에 속한다.

3) 개형 주기

개에서는 자연배란으로써 배란 후 형성된 황체가 불임인 경우에도 임신기에 필적할 정도로 기능을 발휘하고 자궁 및 유선은 임신기의 비슷한 발육을 표시한다. 이것을 **위임신**(pseudopregnancy)이라고 부른다. 이 위임신이 끝날 때는 번식기에 해당하고 다음 번식기까지 난소는 휴지상태를 계속한다. 따라서 개에서는 한 번식기에 1회의 발정만 표시하며, 이와 같은 **단발정 동물**(monoestrus animal)이라고 한다.

4) 토끼형 주기

토끼는 **교미배란동물**(postcoital ovulation animal, copulatory ovulator)로써 교미자극이 없으면 배란이 일어나지 않고 난포는 잠시 존재하다 퇴행하고 새로운 난포가 잇달아 발육해 난소에는 항상 발육난포가 몇 개 존재해서 난포기가 계속하고 지속성 발정을 나타낸다. 불임교미에 의해 배란이 일어나고 기능황체가 형성되어 위임신으로 된다. 이것도 다발정형이다.

5) 고양이형 주기

고양이는 **교미배란**이라는 점에서 본질적으로 토끼와 같지만 교미자극이 없으면 난포는 배란되지 않고 존속하지만 이윽고 퇴행해서 난포기는 끝나며 토끼와 같이 발정은 지속되지 않는다. 따라서 새로운 난포가 발육해서 다시 난포기에 들어가 발정을 회귀한다. 즉 교미 자극이 없으면 불완전 성수기가 반복되는 다발정형으로써 불임교미에 의해 배란이 일어나고 위임신으로 된다.

(5) 일주기(Dairy cycle in reproduction)

동물의 행동이나 생체 기능에는 하루 내 주기적 변동을 표시하는 것이 있지만, 번식현상에 관해서는 조류의 산란주기가 이에 해당하는 것으로써 그 밖에는 현저한 일주기를 표시하는 생식현상을 보이지 않는다.

(6) 동물의 생식형

각 동물의 생색활동 또는 생식기의 형태, 기능에 대해서 앞에서 서술한 각 생식주기에 있는 특징을 취해서, **생식형**(reproductive pattern)이 표현되어진다. 생식주기 중에서는 특히 계절주기 및 불완전생식주기의 형의 차이가 중요한 특징으로 둘 수 있다.

3. 성주기와 호르몬

(1) 성주기의 호르몬 지배

소, 돼지, 면·산양 등의 동물의 성주기는 짧은 난포기와 2~3주간의 긴 황체기로 구성되어 있다. 단, 말은 예외로 약 1주간 비교적 긴 난포기를 갖고 있다.

시상하부의 주기적 흥분은 먼저 FSH-RH의 분비를 촉진하고 이것에 의해 전엽에서 분비되는 FSH는 난소에 포상난포를 발육시켜 소량의 estrogen의 분비를 촉진한다. 이 에스트로젠(estrogen)의 정의 피드백에 의해서 LH-RH의 분비가 촉진되어 LH의 방출이 일어나고, FSH와 LH의 협력에 의해 난포는 성숙하고 estrogen의 본격적인 분비가 일어나며, 동시에 progesterone의 분비도 높아져 estrogen의 발정작용에 협력해서 발정징후를 나타낸다. 한편 estrogen의 혈중 수준의 상승은 시상하부에 feedback해서 FSH-RH의 분비억제, LH-RH의 분비촉진을 일으켜 **LH의 급격한 방출**을 일으켜 이 LH의 작용에 의해서 **배란**이 일어난다.

소, 돼지, 면양에서는 발정기의 시작과 **LH 급증(LH surge)**의 개시시기가 거의 일치하는 것이 확인 되었다.

성주기에 있어서 프로게스테론(progesterone)의 혈중 수준은 발정기에 최저치를 나타내고 황체의 발달에 따라 차차로 증가해 배란 후 1~2주간에 최고치에 달한다. 혈중 LH는 황체기를 통해서 거의 일정한 낮은 값을 유지하며, 황체로부터 progesterone의 분비는 이 낮은 수준의 LH에 의해서 유지되어지고, 한편 progesterone은 시상하부-뇌하수체계에 feedback해서 LH의 급격한 방출을 억제한다.

소에 있어서 황체기에 황체를 제거하면 난포가 급속하게 발육해서 발정, 배란이 일어나는 것은 잘 알려져 있다. 발정기에 교배가 행해지지 않든가 또는 교배하더라도 불임으로 끝난 경우 황체조직은 즉시 LH에 대한 감수성을 잃고 progesterone의 분비는 급속하게 쇠퇴한다. 소, 돼지, 면, 양, 말, 모르모트, 등은 이 황체의 퇴행에는 자궁의 존재가 필요해서, 만약 황체기에 자궁을 적출하면 황체의 퇴행은 억제되어 황체기가 임신기간에 필적할 정도로 현저하게 연장되는 것을 알 수 있다. 또한 이 자궁적출 시 자궁의 일부를 남겨두면 잔존 자궁조직의 양은 황체존속기간에 역비례 한다. 이 사실로 보아 이들 동물에서는 자궁유에 황체퇴행인자의 존재가 인정되며, 이 본체는 PGF2a 인 것으로 추정된다.

(2) 교미배란(Post-coital ovulation)

토끼, 고양이, 흰담비, 밍크 등은 교미자극이 없으면 배란하지 않기 때문에 **교미배란동물**(copulatory ovulator)이라고 부른다. 배란 시기는 교미 후 토끼는 10시간, 고양이 24~36시간, 흰담비 30시간, 밍크 40~50시간이다. 토끼에서는 교미자극이 없으면 난소에는 항상 발육난포가 수 개 존재해서 지속성발정을 표시하고 명확한 성주기는 인정되지 않는다.

고양이에서는 교미자극이 없으면 나포군의 피상적인 발육이 약 10일간 지속한 후 퇴행하고 난포기에서 볼 수 있는 불완전 성주기가 나타난다.

교미배란은 교미에 의한 자극이 신경계를 거쳐 시상하부의 흥분을 유기하고, Gn-RH 분비를 촉진해, 뇌하수체 전엽으로부터 LH의 방출을 재촉하기 위해 일어나는 일종의 신경액성 반사이다.

토끼로 한 실험에 의하면 교미 후 15~30초 이내에 마취를 시키더라도 배란을 억제시킬 수 없는 것으로 보아 이 신경전도는 순간적으로 일어나는 것을 알 수 있다. 또한 Gn-RH가 뇌하수체 문맥계를 거쳐 전엽에 이르러 LH의 방출을 일으키기에 충분한 양이 보내어지는 데는 25~30분이 걸리며, 전엽에서 배란에 필요한 충분한양의 LH의 방출에는 1~2시간 필요한 것으로 알려져 있다.

교미배란동물에 있어서 LH증을 초래하는 요인으로써 교미자극 이외에 자궁경부에 유리봉에 의한 기계적 자극이나 전기자극에 의해서도, 또한 직접 중추를 자극하는 약물의 투여에 의해서도 배란이 유기되어진다. 역시 LH 또는 HCG의 투여에 의해서도 배란은 유기되어진다.

(3) 배란의 기전

배란이 가까이 온 난포에서는 난포벽 내 모세혈관의 투과성이 높아지고, 혈장 성분이 난포강으로 유출해서 난포액량이 증가한다. 이것에 의해 난포막 외층의 collagen 섬유가 분해해서 난포벽은 유연해지고 신장성이 풍부해진다. 이 난포벽 구조의 변화는 progesterone과 prostaglandin이 관여하는 것으로 알려져 있다.

난포액의 증량과 함께 난포는 용적이 증가되어 난소 표면에 돌출하게 된다. 이것을 난포의 **배란 직전 팽창**(preovulatory swelling)이라고 한다. 그 동안 난포내압은 거의 일정 수준으로 유지되어진다. 동물에 있어서 난소의 표면에 돌출해 있는 난포의 장점을 중심으로 투명한 **배란반**(avascular area)이 보인다. 이윽고 돌출한 난포 표면의 소부분이 국소적인 난표벽의 수축에 의한 내압의 미소한 변화에 의해서 파열되어, 난포액과 함께 과립막세포에 둘러싸인 난자가 방출되어진다.

4. 성주기에 따른 생식기의 변화

(1) 난소의 주기적 변화

소, 말 등의 대동물에서는 **직장검사**(rectal palpation)에 의해 난소를 촉진하는 것이 가능하므로 난포의 발육, 배란 및 황체수명 등 난소의 주기적 변화를 추적할 수가 있다.

다태동물에서는 발정기에 몇 개 또는 몇 십 개의 난포가 성숙, 배란하며, 단태동물에 있어서도 발정초기에는 2~3개의 난포가 발육하는 것이 간혹 있지만, 어느 정도까지 발육하면 1개만이 성장을 계속해서 배란에 이르고 다른 것은 패쇄퇴행한다. 난포의 폐쇄(atresia)는 난포벽을 구성하는 과립막세포의 위축과 난포액의 흡수에 의해서 일어난다.

배란 직후 난포 내에 출혈이 일어난다. 이것은 **출혈체**(corpus hemorrhagica)

라고 부르며, 소, 면양 등은 비교적 작지만, 말, 돼지 등은 상당히 크다. 따라서 난포벽의 세포는 그 세포질에 황색색소 lutein을 함유한 지질과립을 가진 대형의 **황체세포**(lutein cell)로 변화하며, 이것이 급속하게 강의 중심으로 향해서 증식하고, 혈관이 새로 생기고 잇달아 난포강 내를 충전시켜 구형~난원형의 황체를 형성한다. 황체세포의 형성은 배란 후 2시간경 부터 시작된다고 알려져 있다.

황체세포의 기원에 관해서는 난포벽의 과립막세포에 유래한다는 설, 난포막 내층세포라고 하는 설 및 이 양자에서 발생한다는 두 가지 설이 있지만, 난포막 내층세포라고 하는 설이 유력하다.

황체는 보통 소, 면양에서 배란 후 7~8일, 말에서 12일, 돼지에서 12~1퇴행기의 3일에 완성해 최대의 크기에 이르러 progesterone 분비활동을 계속한다. 이 황체의 활동기간을 **황체 개화기**(functional luteal stage)라고 하고, 이 기능적 황체를 **개화기 황체**(functional corpus luteum)라고 한다.

임신하면 이 상태가 지속된다(**임신황체**;corpus luteum graviditatis). 임신하지 않은 경우는 다음 발정이 나타나기 조금 전에 황체는 퇴행하기 시작한다. 이 황체의 퇴행은 보통 소에서는 배란 후 14~15일, 돼지 14~15일, 말 14일, 면양 12~14일로 그 후는 급속하게 퇴화해서 기능을 상실하게 한다.

퇴행기의 황체에서는 황체세포의 세포질에 공포한 부분이 생기고 핵은 농축하며, 황체세포 사이에 결합조직이 들어가 증식하며, 황체세포는 위축함과 동시에 수도 현저하게 감소하고 이와 더불어 황체는 축소된다. 황체는 퇴행과 더불어 본래 황체의 색깔을 상실하고 회백색의 적은 **백체**(corpus albicans)로 되어 남는다. 소에서는 발정황체의 퇴행과 더불어 적갈색 내지 청록색으로 바뀌게 된다. 이것을 **적체**(corpus rubrum)라고 한다. 배란 후 몇 개월 존속한다.

(2) 부생식기의 주기적 변화

1) 난 관

난관점막의 상피세포는 발정기에 상당히 높아지고, 황체기에는 낮아진다. 또한 발정기에는 점막으로부터 분비액이 증가하고 황체기에 감소한다. 난관의 운동은 estrogen의 지배를 받아 발정기에는 활발하게 되고, 배란된 난을 난관에 흡입하는 데에 효과적으로 움직이지만, 황체가 형성된 progesterone의 지배를 받게 되면 이 운동은 쇠퇴한다.

난관과 자궁의 이행부, 즉 자궁난관 접속부는 부생식기가 estrogen의 지배를 받고 있는 시기에는 견고하게 폐쇄해 수정란을 함유한 난관액의 자궁 내 진입이 가능해진다. 토끼, 면양의 실험에 의하면 estrogen에 의해서 자궁난관 접속부의 주위에 충혈, 부종이 일어나고, 한편 이 부부의 굴곡이 강하게 되어, 이것에 의해 내강의 폐쇄가 일어나는 것으로 알려져 있다.

2) 자 궁

자궁내막의 상피세포는 난포기에는 낮은 단층의 원주상을 이루지만, 황체기에는 높은 원주상을 이루고 증식해서 여러 층으로 된다. 황체기에는 자궁내막 자체도 비후해서 두께가 증가한다. 자궁선의 난포기에는 직선적으로 달리고 있지만 배란후는 나선상을 이루고 황체기에는 복잡하게 분지해서 합쳐진 구조로 되고 점액의 분비를 활발하게 한다.

자궁액의 경관, 질점액처럼 다량은 아니지만 발정전기로부터 발정기에 증량해 물모양으로 된다. 황체기에는 점액상이 증가되고 농후해진다. 자궁액은 정자의 수정능획득과 배의 착상까지의 영양에 대해 중요한 역할을 갖고 있다.

자궁근은 발정기에는 estrogen의 작용에 의해서 긴장하고 연동운동이 항진한다. 대동물에서는 직장검사에 의해서 자궁을 촉진하면 발정기에는 강한 수축이 일어나서 탄력 있는 원주상으로 되어 있는 것을 알 수 있다. 또한 교미 때에 성적자극에 의해서 자궁의 운동이 항진하고 이것이 정자의 상행을 돕는 것으로 알려져 있다.

소에서는 발정종료 후에 점액에 혼입되어 외음부로부터 출혈이 보이며, 이를 소위 "소의 월경" 이라고 부르며, 그 출현율은 미경산우에서 높고 경산우에서는 낮다. 이 출혈은 자궁내막에서 일어나기 때문에 발정기에 estrogen의 작용에 의해서 충혈 확장해있던 자궁소구부분의 모세혈관으로부터 혈액이 흘러나오고, 더욱이 분비액과 함께 경관을 통해서 유출한 것이다. 자궁내막에서 이런 종류의 출혈은 개(발정전기)에서도 나타나지만 사람과 원숭이에서 보이는 황체퇴행기에 일어나는 내막탈락에 따른 출혈, 즉 월경과는 본질적으로 다른 것이다.

3) 자궁경관

자궁경관은 발정 전기부터 출혈이 나타나 이완이 시작된다. 발정기에 들어가면 충혈, 종창, 이완이 확실하게 되고, 경관은 확대해 자궁외구는 개구한다. 발정기에는 경관점막으로부터 다량의 점액을 분비하지만, 그 주성분은 뮤코(muco)성 당단백질이다.

소, 말, 면양, 산양 등의 발정기의 경관점액을 slide glass에 도말해서 건조하면 특유의 양치상 또는 우모상의 결정이 형성되어 있다. 이것은 점액 중의 NaCl이 발정기에 특유의 고점성 물질과의 양적 관계부터 결정화된 것으로써 이 결정의 검출은 특히 소에 있어서 발정기 판정의 보조 수단으로 이용되어진다.

황체기에 들면 경관의 충혈, 종창은 없어지고 약간 닫힌 상태로 되고 관 내강은 점조 농후한 점액으로 봉쇄되고 자궁외구부는 긴축된다.

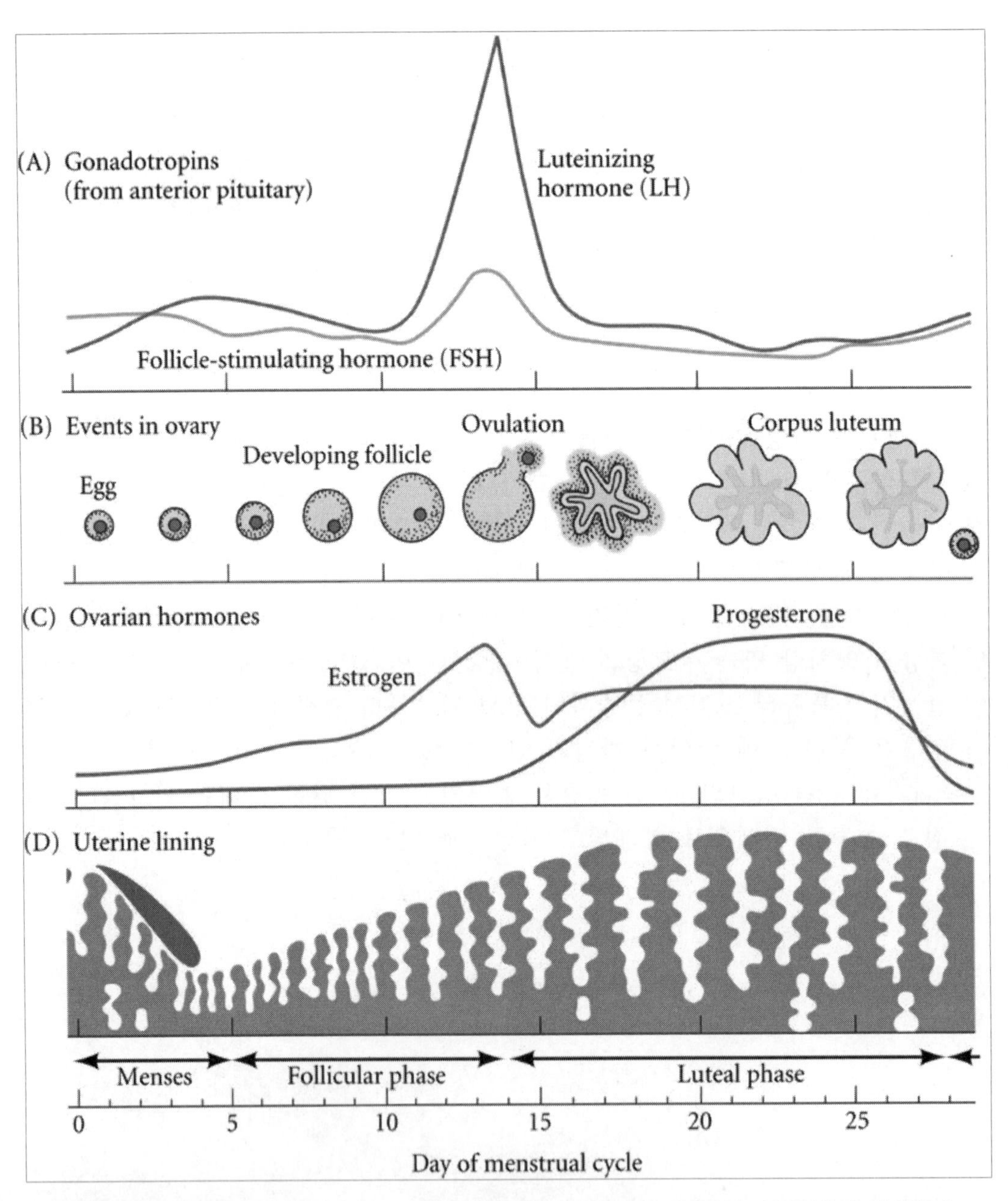

성주기에 따른 호르몬 변화(A), 난소 변화(B), 난소 호로몬 변화(C), 자궁벽의 변화(D)
자료출처: http://9e.devbio.com/article.php?id=275

Chapter 5
각 동물의 번식생리

1. 각 동물의 번식생리

(1) 소

1) 성성숙

수소는 8~10개월에 세정관에 정자가 보이는데 이시기에 사정능력이 갖추어지고 성성숙에 이르게 된다. 암소의 성성숙은 품종, 혈통, 영양 상태에 따라 차이가 있는데 보통 초회 발정시기는 8~18개월로 폭이 크다. 소의 성성숙은 나이에 의해 좌우되지 않고, 체중에 의해서 밀접한 관계를 가지고 있다. 나이가 적더라도 성성숙에 이르는 체중을 가지고 있으면 이 소는 성성숙에 이르게 된다.

2) 성주기의 길이

소의 발정주기 시간은 보통 18~24일 범위이며, 평균 21일로 보면 된다. 경산우는 미경산우에 비해 약 1일 정도가 길다. 영양상태가 좋은 것은 짧고, 그렇지 못한 것은 길어지는 경향이 있다.

3) 발정지속시간

소의 발정지속시간은 보통 16~21시간 범위에 있으며 짧은 편에 속한다. 일반적으로 발정지속시간은 연령이 증가함에 따라 길어지는 경향이 있으며, 영향상태가 좋은 것은 짧고, 그렇지 않은 것은 길어지는 경향을 나타낸다. 발정이 종료되는 것은 교미자극이나, gonadotrophin(LH 또는 HCG) 및 progesterone의 투여에 의해서 이루어진다.

4) 발정징후

① 발정기의 행동

발정이 일어난 소의 일반적인 특징은 눈이 충혈 되어서 눈길이 날카로우며 소리에 민감하고, 울음소리를 내며 주위를 배회하는 경우가 많고, 소량의 오줌을 누게 된다. 그리고 식욕이 감퇴되고, 비유량이 감소하는 것도 있다. 이외에 가장 큰 특징이며 확실히 발정이 왔다는 것을 알 수 있는 것은 다른 소에게 승가를 하거나 승가를 당하여도 거부하지 않는 것을 보면 발정이 왔다는 것을 알 수 있다.

② 외음부의 충혈·종창

평소의 외음부는 주름이 있지만 발정기에는 estrogen의 작용에 의해 외음부는 종창되고 주름이 없게 된다. 음순을 벌려보면 질점막은 충혈 되어서 광택이 나고 습윤해 있는 것을 볼 수 있다. 또한 이때는 경관에서 다량의 투명한 점액이 분비되어 질내에 저류하기도 하고 외음부로부터 누출해서 떨어지기도 한다.

5) 성주기에 따른 난소의 변화

① 난포의 발육 및 배란

난포의 발육은 성주기의 중기부터 시작되어 발정개시까지는 천천히 발육되지만 발정기에 들면 그 속도는 증가해서 난포는 난소의 표면에 유기해 배란반을 형성한다. 이 성숙난포의 직경은 16~19㎜이다. 20㎜ 이상이 되면 이 난포를 **난포낭종**이라고 한다. 소의 배란은 발정종료 후에 일어난다.

② 황체 형성 및 퇴행

배란직후의 난포강은 함몰 축소되고 소량의 혈액과 난포액을 함유해 유연하게 되지만 얼마 자나지 않아 난포벽에서 유래한 황체세포가 급속하게 증진해서 난포강을 충진해 황체가 형성되어진다. 황체는 배란후 7~8일에 완성해 그 직경은 20~25㎜, 무게는 약 5g이다. 이 황체가 계속 있으면 진성황체, 임신황체라고 불리어지고, 임신이 되지 않는 황체는 **발정황체**라하고, 임신이 안 되고 계속 남아 있는 황체는 **영구황체**라고 한다.

6) 성주기에 따른 부생식기의 변화

① 자 궁

발정기에 자궁은 자궁근의 긴장도가 증가하고, 촉진자극에 민감하게 반응해서 강하게 수축하고, 소세지 모양의 촉감은 느낄 수 있다. 자궁선에서는 점액이 분비되는데 이 점액량이나 성질은 성주기의 시기에 따라 변한다. 즉, 발정기의 분비액은 수양액으로 양은 2㎖ 정도이다. 발정종료 후는 점액에 혈액이 혼입된 점조한 액으로 되지만 양은 급속히 감소한다. 황체기에는 회백색으로 농후한 점액으로 된다.

② 자궁경관 및 경관점액

자궁경관은 항체기에 충혈은 없고, 약하게 긴축하고, 회백색 반투명 젤리모양의 경관점액에 의해 막히게 되고 자궁질부도 긴축해서 작아지고 외구부는 폐쇄되어진다. 발정기에는 충혈, 종창, 이완이 현저해지고 경관점막으로부터 다량의 점액을 분비하기 때문에 질검사에 의해 점액이 누출되는 것을 볼 수 있다. 발정기의 점액은 투명하며 점조성이 강하며, 발정종료 후 점액의 양은 감소하고 점조성은 없게 된다.

7) 분만 후 발정재귀

사양관리에 따라서 바뀔 수 있지만 보통 분만 후에 30~50일 정도의 무발정기간이 있다. 홀스타인에서는 1일 착유 횟수에 따라서 발정재귀 기간이 다르다. 1일 2회 착유하는 홀스타인은 분만 후 평균 46일후에 발정이 재귀하지만, 1일에 3~5회 착유를 하는 것은 발정재귀기간이 60~70일로 늘어난다.

8) 교배적기

발정이 일어난 6시간 후부터 24시간 내에 교배를 하는 것이 적기이다. 12시간 후가 가장 수태율이 높으며 24시간이 지난 후에는 수태율이 떨어진다. 예를 들면 오전 9시경에 발정이 일어난 것을 발견했으면 6시간 후인 오후 3시쯤에서부터 저녁때까지 교배를 해야 하며 다음날은 늦다.

소의 교배 적기 및 교배 장면

자료출처: http://www.horsematings.com/mating/f9/cattle_bullfun.htm

(2) 돼 지

1) 성성숙

숫돼지는 생후 7~7.5개월 되는 시기를 웅돈의 성성숙기로 보는 것이 좋다. 이때에는 체격은 발육 중에 있으며 정액량도 증가하고 있기 때문에 번식할 수 있는 시기는 약 10개월령 부터로 볼 수 있다.

자돈은 생후 4개월령 부터 외음부에서 종창 등의 징후가 나타나는데 이러한 징후가 반복되면 종창하고 발적이 뚜렷하게 되며, 음부에서 점액을 누출되고 수컷의 승가를 허락한다. 이때 배란도 행해진다. 이 시기를 성성숙기라고 볼 수 있다. 산자수나 발육 등의 조건을 생각해보면 자돈의 번식공용개시적령은 생후 8~10개월로서 체중 120kg 이상 되는 시기가 적당하다고 할 수 있다.

2) 성주기의 길이와 발정지속시간

돼지 성주기의 길이는 평균 21일이고 경산돈이 미경산돈에 비하여 약간 긴 경향이 있다. 발전지속시간은 평균 58시간이고 경산돈이 미경산돈 보다 약간 긴 경향이 있다.

3) 발정징후

발정기전에 외음부의 종창과 발적이 시작되고 주름이 없어지고 광택이 나고 음부에서는 점액을 유출한다. 발정이 시작되면 종창과 발적의 정도가 감축되고 점액도 약간의 점조성을 띄며 양은 감소한다. 행동에서는 불안하고 식욕이 감퇴되고 소리에 민감하며 특유의 울음소리를 낸다. 발정기에 행동에서의 가장 큰 특징은 **부동자세** (immobility response)이다. 후부 쪽을 누르면 가만히 있고 꼬리를 들어 수컷허용자세를 취한다.

4) 배 란

돼지는 약 25개를 배란하고 그중에 약 11~12 마리가 태어난다. 배란직전의 성숙난포의 직경은 8~12㎜ 이다. 황체 생성 후에는 그 직경이 10~15㎜ 에 달한다.

5) 분만 후의 발정재귀

발정재귀는 포유자돈수, 포유기간, 모돈의 영양상태 등에 따라서 다르지만 새끼 분만 후 1주일 후 정도에 다시 발정이 일어난다. 교배를 빨리하고 싶으면 **강정사료**, 일명 flushing을 해줘야 한다.

6) 교배적기

발정개시 후 10~25.5 시간의 범위 내에서 교배했을 때 가장 수태율이 높았으며 그 이후에 했을 때에는 수태율이 현저하게 저하되었으며, 10시간 이내로 했을 경우에는 80%정도의 수태율이 나타났다. 이로 미루어보아 교배 시기는 늦는 것보다 빠른 것이 더욱 수태율이 높다는 것을 알 수 있다. 따라서 아침에 수컷허용상태에 들어갔다면 오후에서 밤까지 교배하고, 오후에 허용상태에 들어갔다면 다음날 낮에 교배하는 것이 적당하다.

돼지의 교배 적기 및 교배 장면

자료출처: http://www.ukagriculture.com/livestock/pig_breeding.cfm

(3) 면양 · 산양

구분	면양	산양
춘기발동기	6~9개월	5~7개월
번식수명	5~8년	6~10년
발정주기	17일(14~19일)	21일(18~22일)
1번식계절 중의 발정주기의 횟수	7~13회	8~10회
발정지속시간	26시간(24~36시간)	28시간(26~42시간)
배란시기	발정후기	발정종료기
임신기간	147일(140~152일)	150일(145~156일)
산자수	1~2	1~3

면·산양은 일조량이 적을 때 번식하는 단일성 번식동물이다. 단일성 번식동물이기 때문에 일조량이 많은 여름에는 **하계불임증**(summer sterility)이 나타난다. 면양과 산양의 발정징후는 비교적 알기 어렵기 때문에 **시정수양**(teaser ram)을 사용해서 판정을 한다. 그리고 면양과 산양은 발정주기 동안에 여러 번 발정이 일어나는 다발성 동물이고, 번식 시 처음에는 1마리를 낳지만, 2번째부터는 2마리를 낳을 수 있는 확률이 50% 이상이 된다.

어린 양의 효과 -시정수양(teaser ram)

출처: http://woolshed1.blogspot.kr

(4) 말

1) 성성숙

수말은 생후 13~14개월에 정자가 형성되고, 수정 가능한 것은 생후 25~28개월 경이다. 암말은 생후 20~23개월 경이다.

2) 번식계절

말은 장일성 동물로서
약 4~7월경으로 보면 된다.

3) 성주기의 길이 및 발정지속 일수

성주기의 길이는 20~24일로 평균 23일이다. 발정지속일수는 4~11일이며 평균 7일이다. 성주기의 길이 및 발정지속일수는 영양상태가 양호한 것은 짧아지고, 나쁜 것은 길어지며 또한 번식계절이 진행됨에 따라 짧아지는 경향이 있다.

4) 발정징후

수말의 접근, 승가허용, 허리를 구부리고 꼬리를 들고서 소량씩 배뇨함과 동시에 음순을 개폐해서 질점막이나 음핵을 노출하는 소위 lightening을 표시한다.

5) 성주기에 따른 난소의 변화(난소주기)

배란직후의 성숙난포의 직경은 약 4.5~6.0㎝ 이다. 배란시에는 난포에 뚜렷한 출혈이 생긴다(Corpora hemorrhagica). 배란 후 2~3일에는 황체세포층이 분엽상으로 발생하고, 배란 후 8~9일에 황체는 완성하지만 그 크기는 성숙 난포보다 작다.

6) 교배적기

말의 교배적기는 배란 전 2일전부터 배란 당일까지 말을 바꾸어 강한 발정의 최후 3일간이 적기라고 할 수 있다.

(5) 사 슴

1) 성성숙

수사슴은 생후 1년 6개월이 지나야 번식에 이용할 수 있고 암사슴은 4~6세이나 6~8세까지도 번식에 사용할 수 있다.

2) 번식계절

사슴은 단일성 동물로서 일조시간이 짧아지는 시기가 번식계절이며, 8월 하순부터 12월 사이에 교배를 한다.

3) 발정과 교배

식욕이 떨어지며 불안해하며 우는소리를 자주 낸다. 외음부가 약간 부어오르며 질점액을 분비한다. 사슴은 8월 중순부터 3월 사이에 발정이 오고 발정주기는 19~23일 사이이며, 발정지속시간은 발정기에는 평균 40시간이다. 수사슴은 뿔의 생장과 번식과는 깊은 관련이 있다. 뿔이 자라고 있으면 정자가 생성이 되지 않으며 뿔이 딱딱해지면 정자가 왕성하게 생성된다.

4) 임 신

꽃사슴 220~230일, 레드디어 230~240일, 엘크 240~260일이다.

사슴의 분만

http://www.spiritualbirth.net/foetus-ejection-reflex-and-fathers

(6) 곰

1) 성성숙과 번식계절

곰은 생후 4년 정도에 성성숙에 이르게 되며 매년 5월에서 7월에 결쳐서 발정이 온다.

2) 분만계절

보통 1월경에 분만하고 3월까지도 분만하는 것도 있다. 산자수는 보통 1-3 두씩 낳으며 약 50%는 2마리를 분만한다.

3) 임신기간

말레이 곰은 약 100일, 반달곰은 150~200일, 아메리카 흑곰은 210일, 불곰은 230~250일, 안경곰은 240~255일로서 대형종이 소형종 보다 임신기간이 긴 편이다.

4) 분 만

불곰은 350~500g, 북극곰은 600~700g, 반달곰은 400g, 아메리카 흑곰은 250g, 안경곰은 300g 정도로서 어미곰의 약 0.25~1% 정도이다.

(7) 개

1) 성성숙

암캐는 환경에 따라 차이가 있으나 보통 생후 6~14개월이다. 소형견은 대형견보다 빠른 경향을 보인다. 수캐는 암캐보다 몇 주간 늦게 성성숙에 이른다.

2) 번식계절

암캐는 일반적으로 소형견은 5~7개월의 간격으로 2회, 대형견에서는 8~12개월의 간격으로 발정을 한다. 개는 발정주기 동안 1회만 발정을 하는 단발정 동물이다.

3) 발정전기

외음부의 종대, 충혈, 음부에서 혈액성 점액의 누출이 보이며, 불안한 행동과 명령을 따르지 않으며, 물을 많이 먹고 자주 오줌을 눈다. 평균 8.1±2.8일이다.

4) 발정기

보통 8~14일로 다른 가축에 비하여 길고, 평균 10.9±3.2일이다. 외음부의 종대는 발정기의 중간을 지나면서 서서히 퇴행한다.

5) 배란과 교배

배란은 발정초기인 1~3일째에 일어나고 배란직전의 성숙난포의 직경은 약 6 ㎜ 이다. 그리고 개에 배란에 있어서 가장 큰 특징은 발정초기에 배란이 일어나고, 배란 후에도 발정이 상당히 오래 지속된다는 것이다. 배란수는 소형견은 적고, 대형견은 많다.

수태 가능한 교배기간은 배란 전 54시간부터 배란 후 108 시간까지 약 7일간으로 꽤 긴 것을 알 수 있다. 개의 교배는 **생식기잠금 (genital lock)**이라는 특이한 현상을 보이는데 이는 생식기의 특이 구조 때문에, 교배 과정에 삽입 후 30분 정도를 암수가 서로 다른 방향을 보고 부동 상태로 있는 과정을 말한다.

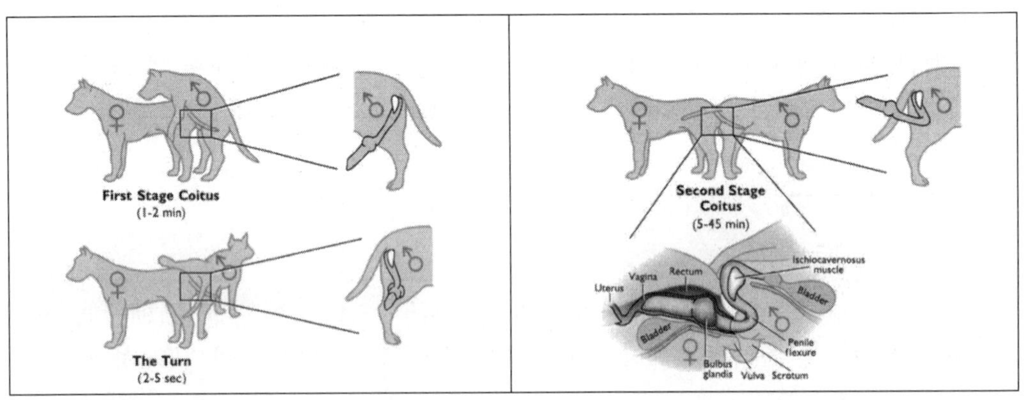

개의 교미 단계와 생식기잠금
http://www.ansci.wisc.edu/jjp1/ansci_repro/lec/lec_25_dog_cat/lec25out.htm

6) 발정휴지기

이 시기는 발정출혈이 멈추어 수컷을 허용하지 않는 후부터 약 2개월의 기간을 가리킨다.

난소는 배란되어 황체가 생기게 되어 약 1개월 후에는 퇴행하기 시작한다.

7) 비발정기 또는 무발정기

발정종료 후 약 2개월부터 다음 발정기까지의 기간으로 보통 4~8개월이다.

개는 단발정동물로서 긴 비발정기를 갖고 있다.

8) 위임신

위임신이란 임신을 하지 않았는데 임신을 한 것 같은 징후를 나타내는 것이다. 즉 자궁이 비대해지고, 유선이 발달하고 유즙의 분비도 나타난다.

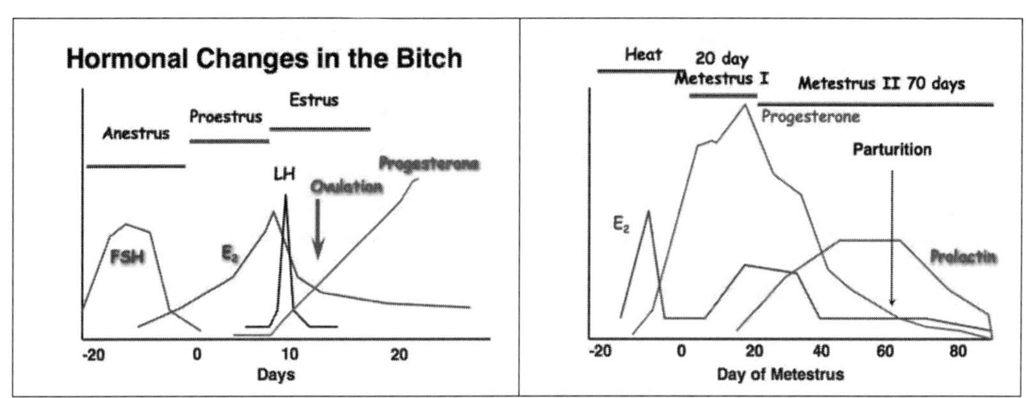

암컷 개의 발정과 임신 기간에 따른 번식 호르몬의 변화
http://www.ansci.wisc.edu/jjp1/ansci_repro/lec/lec9/lec9fig.html

(8) 고양이

1) 성성숙

암고양이는 생후 7~12개월이고, 수컷은 암컷보다 1~2개월 늦다.

2)번식계절

보통 봄과 늦여름에서 초가을 년 2회의 번식계절을 가지고 있다.

3) 난소의 변화

배란은 교미자극 후 약 24~30시간에 일어나고 배란수는 5~10개이고 황체가 형성된 후 10~15일에 개화기 상태로 된다.

4) 발정징후

독특한 울음소리를 내며 오줌을 자주 눈다. 사람이 다가가면 교미자세를 취한다.

5) 교미배란

고양이는 토끼와 같은 교미배란 동물이다. 교미배란이란 배란이 되지 않은 상태이서 발정행동을 보이다, 실제 수컷과 교배를 해야지만 교미 자극에 의해서 배란이 일어나는 것을 말한다.

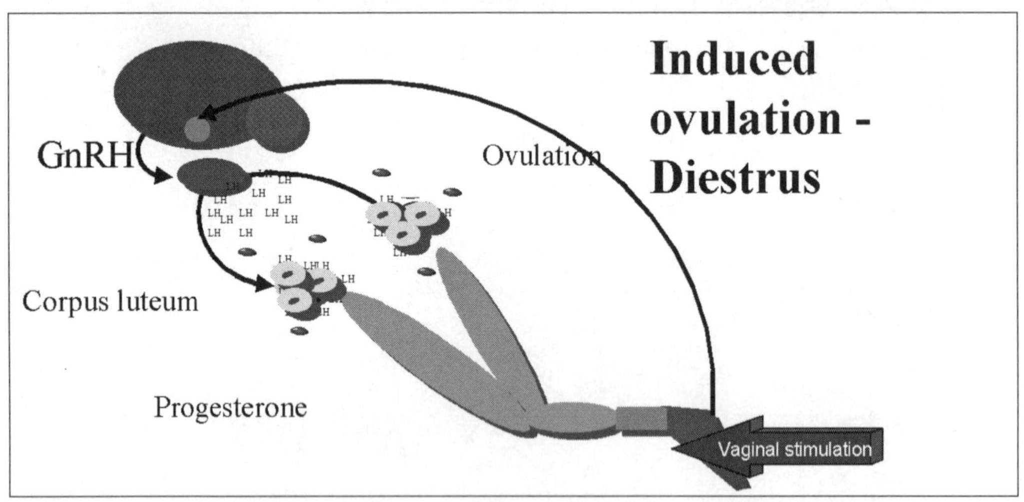

고양이의 교미배란 기전
http://www.vetmed.lsu.edu/eiltslotus/theriogenology-5361/filne_e.htm

(9) 여 우

1) 성성숙과 번식계절

은여우는 1년 중 1월 중순부터 4월초에 한 번의 번식을 하는 단발정동물이다. 간혹 암여우들이 10~12일 간격으로 2회 발정을 나타내는 것도 있으나, 정상적인 발정이 아닌 것으로 간주하고 있다.

항목 \ 가축명	은여우	청여우
성성숙	10~12개월	10~12개월
번식계절	1월15일 ~3월 30일	2월15일 ~4월 30일
발정지속시간	2~3일	2~3일
배란시각	발정 후 1~2일	발정 후 1~2일
임신기간	52 일	52일
번식공용년수	10년	10년
평균산자수	4.5마리	7마리
교미지속시간	35분	35분

2) 생식기관

생식기관은 나이와 계절에 따라 크기의 차이가 있지만, 개의 생식기관과 거의 비슷하다. 수컷의 정소의 크기는 비번식계절인 6~11월 사이에는 1.5~2㎤이며,

번식기인 1월에는 5~5.5㎤로 커진다. 암컷의 난소 또한 0.3㎤에서 발정시기에 1㎤정도로 커진다.

3) 교 배

교배의 평균지속시간은 평균 27분정도이며, 야생상태에서의 교배는 일부일처의 교배행위가 이루어지나, 사육의 경우에는 일부다처의 교배가 가능하다.

교배횟수는 일반적으로 수컷의 15%는 5~6회, 또 다른 20~25%의 무리는 18~20번의 교배를 통한 사정을 할 수 있으며, 젊은 수컷과 늙은 암컷의 경우 그 교배 횟수가 늘어나는 경향을 보이고 있다. 개과 동물에서 볼 수 있는 **생식기 잠금**(genital lock) 현상을 교배하는 과정에서 볼 수 있다.

5) 임신기간

임신기간은 평균 52일이다.

6) 산자수

산자수는 평균 5마리 정도이다.

붉은 여우의 교배 - 생식기 잠금

http://en.wikipedia.org/wiki/Red_fox

(10) 밍 크

1) 성성숙과 번식계절

장일성 번식동물로서 성성숙은 생후 9~10개월 사이에 일어난다.

2) 생식기관

정소의 무게는 1g 정도이지만 교배시에는 약 2.5g이다. 난소는 0.3g이었던 것이 교배시에는 약 0.65g이다. 자궁각은 길고 자궁체는 짧으며, 자궁경은 상대적으로 길다.

3) 교 배

교배지속시간은 10~180분이며, 보통은 30~90분이다.

4) 배란 · 수정 · 착상

밍크는 교배자극에 의해 배란되는 동물로서 교미 후 30~40시간에 평균 7개의 난자를 배란한다. 생리적으로 **지연착상**을 한다.

5) 임신기간

임신기간은 일반적으로 40~75일 사이로 매우 다양하다. 품종, 연령, 교배일, 교배방법에 따라 차이가 있다.

6) 산자수

평균 5.70±0.41 마리이다.

(11) 조 류

1) 성성숙

① 일 령

조류의 성성숙 일령은 종류에 따라 다르게 나타나며, 같은 종일지라도 품종에 따라 성성숙 일령이 다르게 나타난다. 이는 영양 상태와 빛의 영향에 따라 달라진다. 특히 최근에 육종되어진 닭의 경우에는 성성숙 일령이 무려 30일이나 단축되어지기도 하나, 아래의 표는 일반적인 성성숙 일령을 표기하였다.

종	산란개시일령	비고	종	산란개시일령	비고
닭	150~170	백색레스혼종	거위 대형	270~300	
메추라기	35~40		거위 소형	300~360	
집오리	150~180	카아키캠블종	꿩	300~360	
칠면조	210~240				

② 빛의 영향

빛은 눈의 망막과 뇌의 광수용기에 자극을 주어 그 자극이 뇌하수체 전엽으로 전달되어 성선자극호르몬의 분비를 촉진하는 것에 의해 성성숙을 촉진한다. 광선의 유효조도는 닭은 10룩스(lux) 이상, 칠면조는 20룩스 이상이며 많은 조류에서는 0.4~18룩스 이상이다. 닭의 성성숙은 언제 태어났느냐에 따라서 달라지는데 일조 시간이 짧은 겨울에 태어난 병아리가 일조시간이 긴 여름에 태어난 그것보다 성성숙이 빠르다.

③ 성성숙의 제어

가금의 경우에는 영양과 환경(광선)에 의해서 성성숙이 결정되어서 이를 제한함으로써 성성숙의 촉진 또는 억제를 할 수 있다.

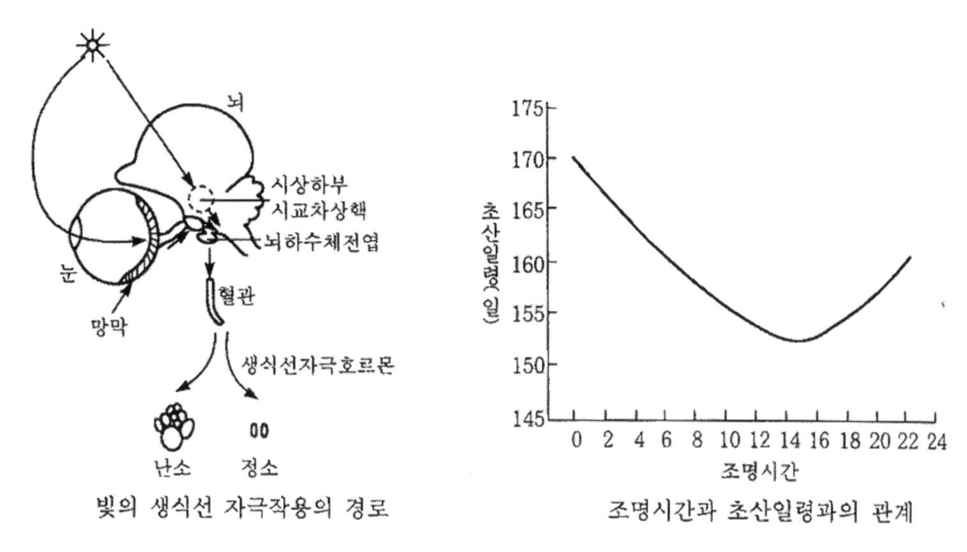

빛의 생식선 자극작용의 경로

조명시간과 초산일령과의 관계

③ -1 제한급이에 의한 억제

사료급여량을 제한하는 방법과 사료의 영양소 함량을 변화시키는 방법이 있다.

③ - 2 광선관리에 의한 억제

㉠ 일정단일법

㉡ 단계적 단일법

㉢ 점감법

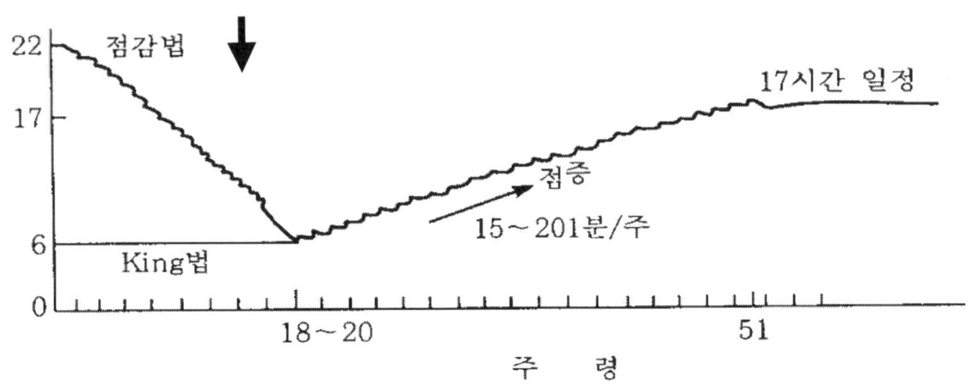

2) 산 란

① 산란율

산란율은 계절적으로 변동을 나타내는데 봄부터 초여름까지는 높고, 늦은 여름부터 초가을에 이르기까지는 낮다. 또한 겨울의 혹한기에 있어서도 산란율이 저하된다. 그리고 산란율은 매년 감소하는 추세를 나타낸다.

② 산란에 영향을 미치는 요인

②-1 광선

㉠ 산란율에 대한 효과

광선의 강도는 강할수록 산란촉진효과가 크지만, 유효조도는 10 Lux 정도가 적당하다. 1일 조명시간의 길이는 8~10시간 이상이면 좋고, 조명시간의 증가는 촉진적으로, 감소는 억제적으로 작용하고 길이보다도 조면의 변화의 폭이 산란에 영향을 더 준다.

㉡ 산란주기에 대한 효과

조명개시시각은 변하지 않고 명암주기의 명기의 길이를 단축하면 산란빈도 분포의 피크는 빠른 시각에 나타나게 되고, 명기의 길이를 연장하면 역으로 늦은 시각에 나타나게 된다.

②-2 온도·습도

산란에 최적의 온도는 18℃ 내외이고, 고온(37.8℃)하에서는 산란율이 저하하고, 난중이 감소하고, 난각이 얇게 된다. 최적의 습도는 최적의 온도조건하에서 45~60%이다.

②-3 탄산가스 및 암모니아가스

탄산가스의 농도가 2~5% 정도는 산란의 영향을 주지 않으며, 암모니아 가스 농도가 105ppm(18℃, 67% RH)조건하에서는 10주간 산란율 저하를 나타낸다.

②-4 기 타

바람, 소음 등도 산란의 영향은 미친다. 또한 사회적 환경요인이나 위생적 환경요인도 산란의 영향을 미친다.

③ 산란의 제어

③-1 광선관리

최초 22시간 조명하에서 18주령에 6시간 조명이 되도록 단축하는 **점감법**을 사용하다가 18주령부터는 매주 15~20분 조명시간을 늘려주는 **점증법**을 써서 최종 조명시간이 17시간으로 일정하게 해준다.

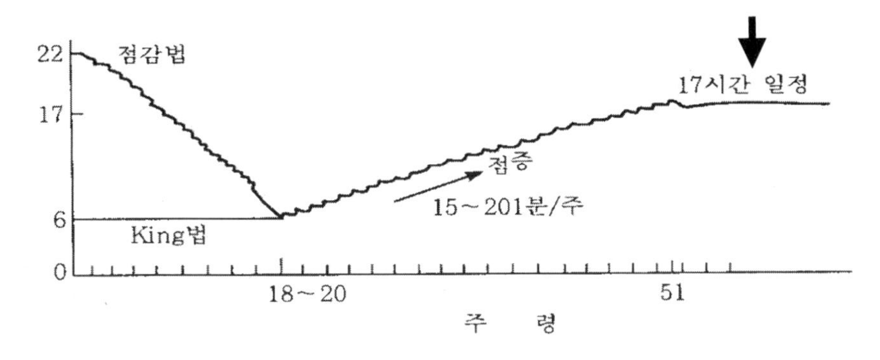

③-2 강제환우

강제 환우의 목적은 1군의 산란을 고르게 하는 것이다. 이를 위해서 하는 방법에는 ㉠ 절식 ㉡ 절식, 절수 ㉢ 제한급이 ㉣ progesterone 주사 ㉤ 갑상선제, 항갑상선제 등이 있다.

2007. 타이랜드 치앙라이

Chapter 6
교배와 인공수정

1.자 연 교 배

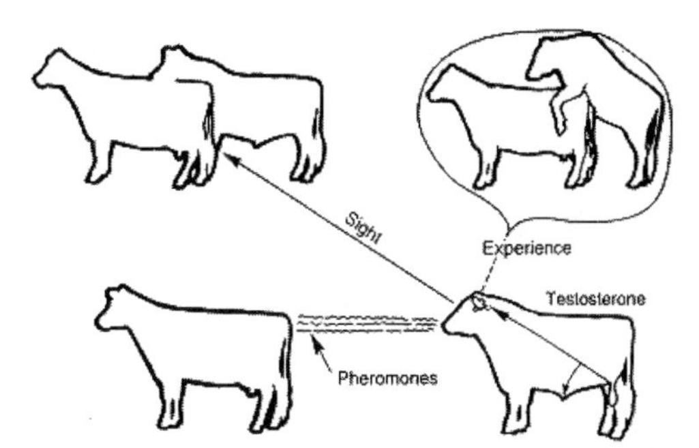

(1) 동물의 성행동과 교배

1) 암컷의 성행동

암컷은 성성숙기에 이르러 난소에 난포가 성숙함에 따라 발정을 나타낸다. 발정은 암컷의 성욕을 발현하여 수컷이 교미를 위해 승가하는 것을 허용하여 교미가 성공적으로 이루어지게 함과 동시 번식을 위한 임신의 최종 목적을 달성하게 한다.

사육중의 동물들은 번식의 적기를 알아내고 암컷이 발정하고 있는지 어떤지, 또한 발정기의 정도가 양호한지 어떤지를 판정하기 위해서 암컷에 수컷을 접근시켜 이것에 대한 암컷의 반응을 조사하는 시정이 행해진다. 이것은 특히 발정기간이 긴 말에 있어서 교배 적기를 판정하기 위해 옛날부터 행해져 왔다. 이 목적으로 사용하는 수컷을 **시정웅동물**이라 한다.

2) 수컷의 성행동

수컷의 성행동은 성적흥분, 구애, 음경의 발기와 돌출, 승가, 음경삽입, 사정 및 성적 무반응으로 나누어진다. 구애 및 교미 시간은 동물 종에 따라 다르며, 소, 면·산양은 짧고, 말, 돼지에서는 길다.

진돗개의 발정시의 행동 : 암컷은 출혈이 발생하며, 수컷은 암컷의 외음부를 핥고 쫓아 다닌다.

① 구 애(Courtship, sexual display)

수컷은 발정 암컷의 외음부 냄새를 맡는 것이 가장 많이 나타나는 구애의 방법이다. 소에서는 수컷이 암컷을 호위하듯이 옆으로 따라 다니며 또한 앞발굽으로 흙을 파는 동작을 나타낸다. 반추동물 및 비반추동물인 말에서는 수컷이 발정한 암컷의 오줌의 냄새를 맡은 후 목을 빼면서 위를 향하여 윗입술을 들어 올려 이빨을 보이는 행동을 나타낸다. 수퇘지는 암퇘지의 옆구리를 코로 찌르고, 코끝을 사타구니 사이로 밀어 넣기도 하고 턱을 벌렸다 오므렸다하며, 거품을 내고 오줌을 찔끔찔끔 눈다.

② 승 가(Mounting)

발정전기 또는 발정이 끝난 후의 암컷에 대해서 수컷은 간혹 승가를 시도해 음경은 어느 정도 발기해 포피강에서 돌출하지만 암컷이 수컷을 허용하지 않을 때에는 교미는 성공하지 못한다. 승가에 앞서 수컷 중 특히 수소는 카우퍼선에서 분비되는 유양액을 유출하고, 발기한 음경의 선단에서 적하 또는 분출되어진다. 이 분비액은 사정시 정낭선에서 분비되는 정장액과는 다른 것이다.

발정 암컷은 승가하면 정지해서 수컷을 허용한다. 수컷은 가슴을 암컷의 등에 놓고 앞다리로 암컷의 요각의 전방을 지지해 암컷을 감싸고 율동적인 허리의 돌진운동을 시작한다. 말·돼지에서는 교미하기까지에 몇 회 승가를 반복하지만, 기타 동물에서는 일단 승가하면 곧 바로 음경의 삽입을 시도한다.

교미를 위한 승가

③ 음경삽입(Intromission)

수컷이 승가하면 복근 특히 복지근이 급격하게 수축한다. 그 결과 수컷의 골반부는 암컷의 외음부에 직접 접촉하게 된다. 여기서 발기한 음경의 선단이 점액으로 습윤하게 된 질벽에 접촉되면 곧 바로 음경은 질 내에 완전히 삽입하게 된다. 이 때 복근의 수축이 강렬한 경우에는 수컷의 뒷다리가 지면을 이탈해 도약한 것이 보이는 수가 있다.

돼지에서는 삽입이 시작되면서 전 음경이 포피에서 나와 완전한 삽입이 행해진다.

교미 성공 및 생식기잠금 현상

④ 사 정(Ejaculation)

음경은 오줌의 배출과 암컷 생식기 내로의 정액 주입, 즉 사정이라는 두 가지 기능을 갖고 있다. 사정이 일어나기 전에 음경은 발기하지 않으면 안 된다.

발기는 음경에 있는 발기기구, 즉 음경해면체와 요도해면체의 팽대에 의해 일어난다. 사정을 유도하기위한 요소는 동물의 종류에 따라 자극의 성질이 다르게 나타나는데 소, 면·산양에서는 질의 온도가 사정에 가장 중요하고, 말, 돼지 및 개에서는 음경에 가해지는 압박감이 온도보다 중요한 조건이다.

사정의 과정은 정소수출관, 정소상체에 시작해 정관에서는 관벽에 분포한 근육의 수축에 의해 정자가 나오며, 동시에 부생식선의 벽도 수축해서 그 분비액을 방출하고 이들이 합해서 정액으로 되어 요도로 배출되며, 요도는 요도근, 해면체근의 율동정적인 수축에 의해 사출한다.

⑤ 교미빈도

교미빈도는 기후, 품종, 개체, 동거하는 발정암컷의 마리수, 성적 흥분의 강도, 성적 휴지기간의 길이 등 여러 가지 요인에 의해 좌우된다. 소, 면·산양에서는 말, 돼지보다 많고, 소에서 성적으로 소모 또는 고갈할 때까지에 평균 21회 교미가 가능한 것으로 알려져 24시간에 80회, 6시간에 60회 교미한 예가 보고되고 있다.

수컷 면양이 긴 비번식계절의 후에 암컷의 무리에 들어가면 제1일에는 50회나 교미하지만 그 후에는 차차 감소하는 것으로 보고되고 있다.

3) 교배적기

암컷과 수컷이 자유로이 교미할 수 있는 자연교배 상태로 두는 경우는 발정기에 여러 번의 교미가 행해지어 임신을 하는데 크게 문제가 없지만 자연교배를 인위적으로 행하든가 인공수정을 행하는 경우에는 발정 기간 중의 어느 시기에 행하면 가장 수태하기 쉬운가 하는 것은 중요한 문제이다. 가장 수태하기 알맞은 교배시기를 교배적기라 한다.

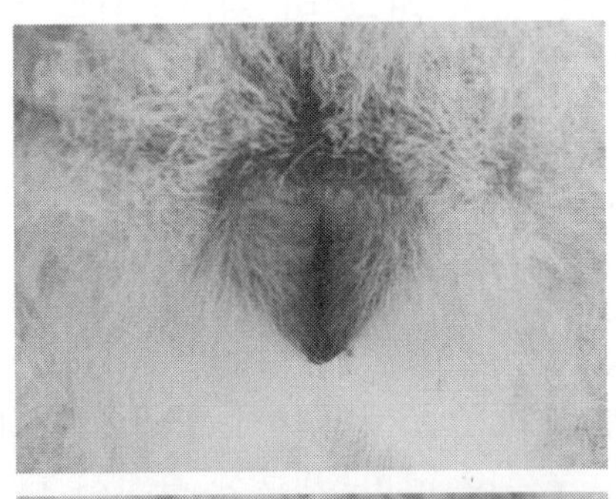

암캐의
배란시기의 부풀어 오른 외음부
선홍색의 출혈을 보인다.

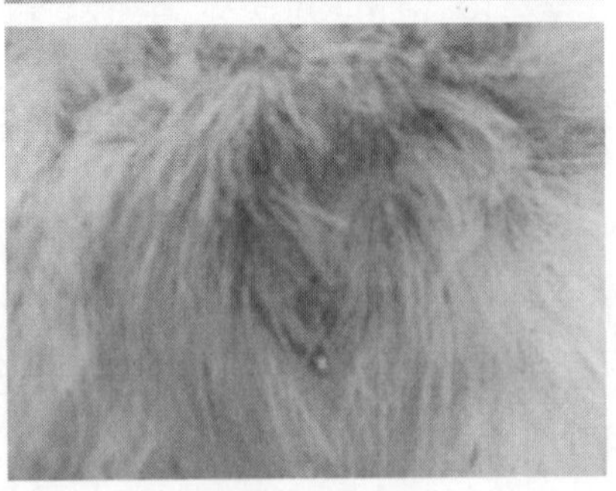

(교배적기: 발정 후 12~13일 전후 48시간)
교배적기의 외음부는 출혈이 일시 머지며 외음부 및 음부가 부드러워진다.

수정은 정자와 난자가 만나는 것에 의해 성립하는 것이기 때문에 이 조건을 만족할 교배의 시기에 관한 주요 요인은 다음과 같다.

난자의 배란시기와 난자의 수정능력 보유시간
정자의 수정능력 획득에 필요한 시간
정자의 수정 부위에 도달한 필요한 시간
정자의 수정능력 보유시간

이들의 요인을 생각하는 경우에 먼저 배란시기를 기준으로 해서 검토하지 않으면 안 된다. 배란시각의 예측은 시정 또는 발정징후의 검사에 의해서 발정의 경과를 판정하고 배란까지의 시간을 추정해서 행하지만 소, 말 및 대형 돼지에서는 직장검사에 의해서 난포의 상태를 촉진해서 판정할 수가 있다.

일반적으로 난자의 수정능력 보유시간은 정자의 수정능 보유시간보다 짧기 때문에 위에서 말한 요인을 교려하여 볼 때, 발정징후를 기준으로 하면 일반적으로 발정최고기의 끝나는 시작이 교배적기에 해당된다.

- 수컷의 성행동 -

행 동	소	면양	산양	돼지	말
냄새맡기	암컷의 외음부 및 오줌의 냄새 맡기				
				암컷 두부의 냄새 맡기	
암컷의 오줌에 대한 반응	플레멘			없 음	소. 면.산양과 같음
배 뇨	변화없음.		흥분 중 앞다리에 잦은 배뇨	흥분 중 율동적으로 오줌 배출	암말의 배뇨한 장소에 수말도 배뇨한다.
발 성	없 음.				
암컷에 대한 접촉자극	암컷의 외음부를 핥음.			암컷의 아래 배를 코로 찌름	새끼의 등과 몸을 깨뭄
구애 중 자세	암컷의 등에 머리를 얹음.	암컷을 호위하듯이 접근하고, 머리를 옆으로 향하고, 앞다리로 암컷을 가볍게 누름.			
교미 중 자세	머리로 암컷의 등을 누르고, 사정시 도약함	사정시 머리를 급히 뒤로 젖힘.		사정시 동작의 변화없음. 음낭이 수축함	암컷의 경부를 깨뭄. 사정시 꼬리를 상하로 몇 회 회전함
교미시간	극히 짧음(1초정도)			5~6분	40초
사정부위	자궁경 부근			경과 및 자궁내	자궁내
교미 후 반응	없음	머리와 목을 길게 뺌	음경을 핥음	없음	없음

2. 인공수정

(1) 인공수정의 역사

동물에 대한 인공수정은 1780년 이태리 생물학자 Spallanzani에 의하여 이루어 졌으며, 개에서 채취한 정액을 1cc씩 30마리의 암캐에 주입하여 18마리를 수태시키는데 성공하였다.

오늘날 같은 인공수정방법은 1907년 러시아의 Ivanov에 의하여 정액채취 후 보존 및 정액을 주입하여 수태시키는 연구를 발표한 이래 일반화를 꽤하였다. 이후 정액의 동결 보존의 효율성을 높이기 위하여 정액의 희석액, 충진 용기 및 동결방법 등이 연구되어 그 결과로 정액을 폴리비닐스트로에 충진하여 액체질소나 액체질소증기에서 효율적으로 동결하여 저장성을 높이고 필요시 녹여 수정 할 수 있는 인공수정법이 발달하였다. 과거의 인공수정이 채내 수정이라 한다면 최근에는 체외에서 인공 수정시켜 수정란을 이식하는 수정란 이식의 인공수정 단계에 와있다.

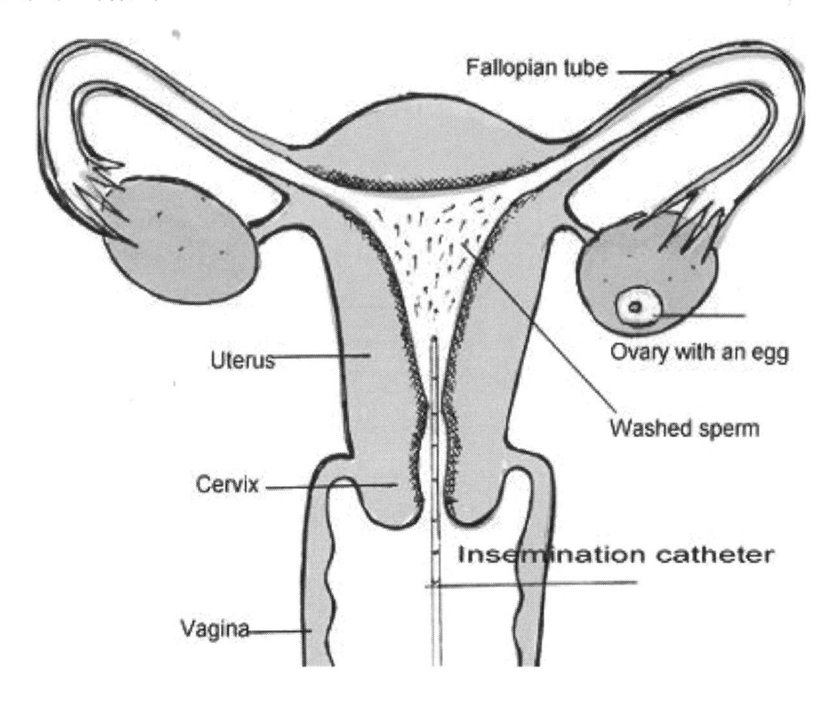

인공수정 기본 모식도

(2) 인공 수정 시 이로운 점

종자가 좋은 수컷의 이용성을 증대
자손에 대한 유전능력을 조기에 판정
수컷 적은 사육으로 사양관리비를 절감
정액의 장거리 수송이 용이
인공수정의 발전으로 높은 수태율의 증강
전염성 생식기 질환 예방
우수혈통으로만 사육되어 자연교배가 곤란한 수컷의 정자 이용이 가능

(3) 인공 수정 시 불리한 점

유전형질이 불량한 경우 피해의 범위가 자연교배보다 크다.
전염병 등의 병원체가 함유된 경우 전파속도가 빠르다.
인공수정기구의 소독이 불충분하면 생식기 전염병을 만연시킬 위험이 크다.
특별히 양성된 기술자와 설비가 필요하다.
자연교미보다 조작에 있어 시간이 더 길다.
혼동으로 인한 실제 주입정액과 다른 정액이 중비될 가능성이 있다.

(4) 정액채취(Semen collection)

정액 채취는 정자의 농도가 높고 활력이 왕성한 정액을 다량 얻는데 있다. 따라서 적절한 수컷을 선발하여 적정한 채취 간격으로 충분히 성적 흥분을 유도한 다음 올바른 채취 기술을 적용하면 성공적으로 정액을 채취를 할 수 있다.

소에 있어서 정액채취 시 주의 사항
① 양질의 정액을 다량 채취하기 위하여 채취 전에 웅축을 충분히 흥분시켜야 한다.
② 가급적 오전에 정액을 채취한다.
③ 사출된 정액은 가능한 손실이 적도록 회수하여 인공수정에 이용한다.
④ 정액을 위생적으로 채취하고, 채취한 정액은 온도 충격을 받지 않도록 한다.
⑤ 유해광선에 노출시키지 말아야 한다. (광선에 노출되면 광선 자극과 온도 상승에 의하여 산화가 촉진되고 정액 내 과산화수소가 발생하여 정자에 치명적인 해를 입힌다.)

정액의 채취빈도는 사정량과 정자 농도에 영향을 받는다.

소에 있어서 정액의 사정량과 정자 농도는 수소의 체중과 연령에 따라서 차이가 있지만 대체로 1회 사정량은 5-10㎖ 이며, 정자의 수는 정액 ㎖당 보통 10억 정도이다.

정액의 채취빈도는 정액의 사용 용도에 따라 차이가 있는데, 동결 정액으로 사용할 경우 수소는 주당 2일, 1일 2회 정액을 채취하며, 액상 정액으로 사용할 경우 주당 3회 채취하고 채취된 정액은 2-3일 내에 사용토록 한다.

정액을 채취하기 전에 수컷을 성적으로 흥분시켜야한다. 이러한 흥분은 뇌중추로 부터 척추신경을 통하여 사정중추에 자극을 전달하여 사정을 유발한다.

종웅축(종자가 되는 수소를 칭하며 **종웅우**라고도 한다. 암소는 종빈축 또는 종빈우라 한다.)의 흥분을 자극하기 위하여 채취 전 몇 번의 **가승가**(false mounting)를 유도한다.

(5) 정액의 채취 방법

정액의 채취 방법으로는 해면체법, 질내채취법, 마사지법, 정소상체 정액채취법, 누관법, 콘돔법 및 패서리법 등이 있으나, 현재는 주로 인공질법, 전기자극법 및 마사지법을 사용한다.

1) 인공질법(artificial vagina)

정액채취자의 보호책이 설치되어 있는 정액 채취 시설에 대용축을 보정하고 정액용 종웅축은 채취 직전에 포피와 복부를 청결하게 하고 잘 건조시킨다. 인공질이 준비되면 가승가, 억류, 주변 산보를 반복하여 종웅우를 흥분시킨다. 충분히 흥분한 종웅우가 승가하면 음경 포피를 잡아 신장된 음경이 인공질의 개구부로 들어가도록 유도한다. 사정(ejaculation)은 수초 내에 일어나는데, 종웅우가 사정하면 인공질을 수직으로 들어서 정액이 채취관으로 유입되도록 한다. 온도 충격을 막기 위하여 큰 원심분리관을 정액 채취관 주변에 부착하고 그사이에 온수를 넣어 38-39℃의 온도를 유지하는 것도 바람직하다.

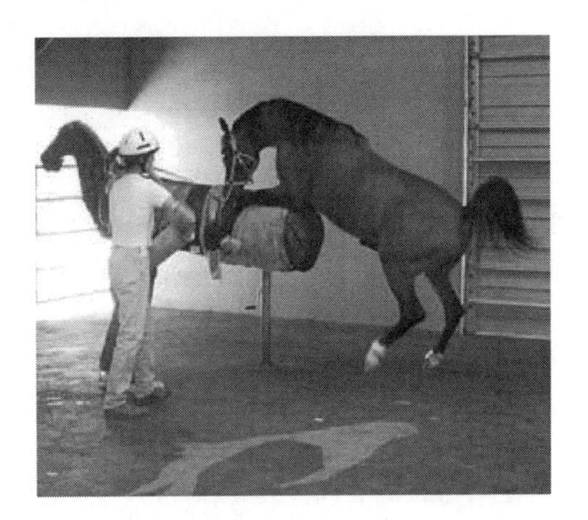

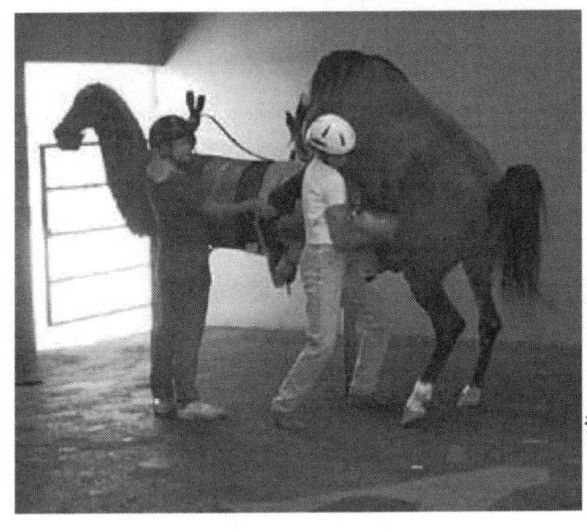

승가대를 이용한 말의 인공질법

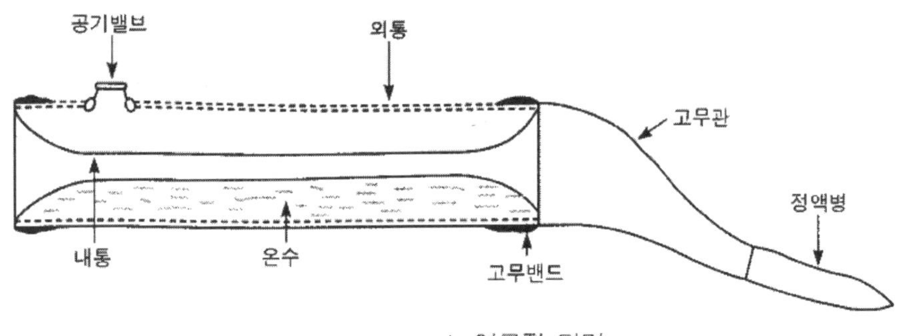

소 인공질 단면

2) 전기자극법(electronic stimulation method)

전기자극법은 양극을 장치한 전극봉을 직장내로 주입하고 사출신경중추에 전기적 자극을 주어 정액을 채취하는 방법이다.

정액을 채취하기 위하여 먼저 직장내 분을 제거하고 전극봉을 삽입한 다음, 율동적 전기자극과 짧은 휴식을 되풀이하여 전압을 점진적으로 상승시키면 음경이 발기되며 낮은 전압에서 부생식선액이 분비되고 높은 전압에서 사정이 일어난다.

전극봉, 전압계, 전류계 및 자극을 조절하는 특별한 장비와 기술이 요구되는 단점이 있다.

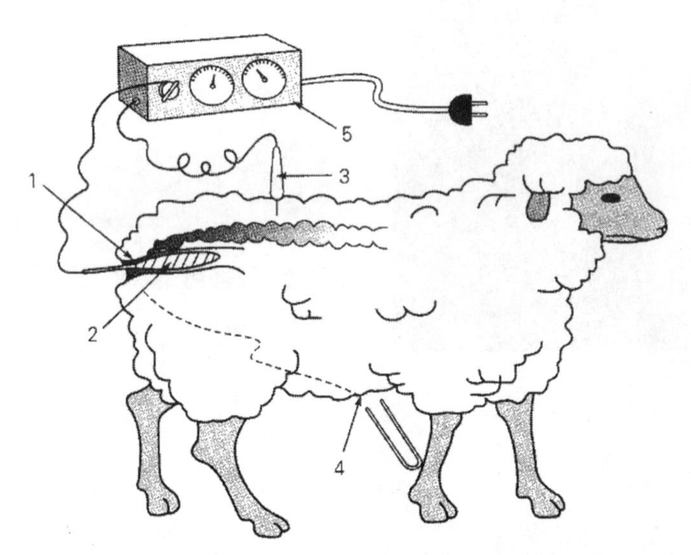

전기자극법에 의한 양의 정액채취 모식도

1 : 직장, 2 : 직장전기봉, 3 : 전기침, 4 : 음경, 5 : 전압전류계

3) 마사지법

마사지법은 직장벽 또는 복벽을 통하여 정낭선과 정관팽대부를 마사지하여 사정중추를 흥분시켜 정액을 채취하는 방법이다. 음경마사지법, 복부마사지법 및 정관팽대부 마사지법으로 대별된다.

소에서는 주로 정관팽대부 마사지법이 이용되고 있다. 이 방법으로 채취한 정액은 종종 이물질과 오줌으로 오염되며, 인공질법으로 채취한 정액에 비해서 정자 농도가 낮고 수태율도 떨어진다.

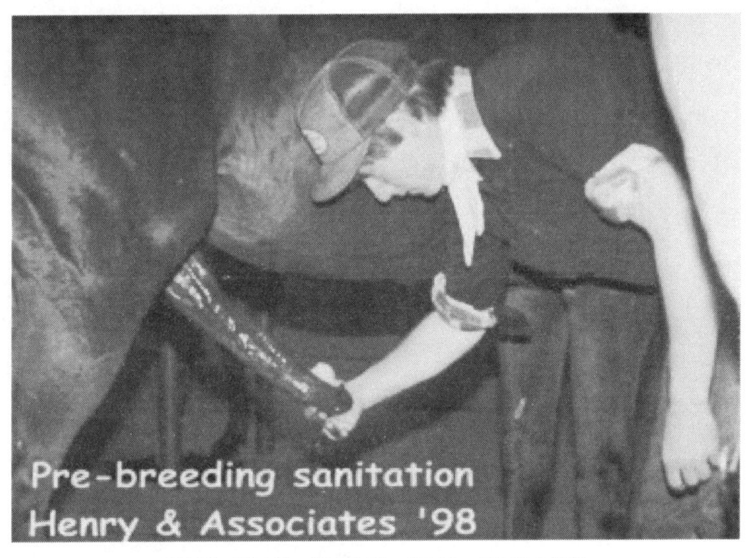

말의 정액 채취를 위한 마사지법

http://gift-estate.com/CRTrust/stallion.html

(6) 정액의 검사 및 평가

종웅우로부터 생산한 정액에 관한 정보를 가능한 많이 확보하면 정액의 수태능력을 비교적 정확하게 평가할 수 있는데, 정액의 평가(semen evaluation)는 육안적, 현미경적 및 화학적 평가로 구분된다.

1) 육안적 평가

육안으로는 정액의 투명도, 순수도, 색 및 양 등을 평가한다. 일반적으로는 외형상 정액은 투명도에 따라 크림상, 유상 및 수양상 등으로 분류된다. 이러한 투명도는 정액 내 함유된 정자의 농도와 관련된다.

일부 수소의 정액이 노란색을 띠는 경우가 있다. 이는 정관팽대부에서 유래한 리포크롬(lipochrome)이나 정낭선에서 유래한 플라빈(flavin)색소가 함유되어 있기 때문인데, 이러한 색소는 정액 성상에 영향을 미치지 않는다. 그러나 오줌이 혼합되어 정액이 노란색을 띨 때는 독특한 뇨취가 나기 때문에 구분할 수 있다.

2) 현미경 평가

정액의 활력, 정자의 농도, 기형률 및 생존성을 현미경으로 평가하여 수소의 수태율을 예견할 수 있다.

① 정자의 활력

정소상체내에서 성숙하는 동안 정자는 전진운동능(progressive movement)을 획득하게 되고 사출시 전립선액에 노출되면서 활력이 증진된다. 사출된 정자가 자궁경 점액을 통과하면서 전진운동능에는 거의 변화가 없으나 편모의 박동율과 두부의 회전율이 감소하는 경향이 있다. 한편 정자가 난관액과 복강액에 노출되면 운동속도가 증가한다. 또한 수정 시기와 수정 부위에 도달하는 시간과 관련하여 정자의 운동성이 변화하는데, 난관에서 추출한 정자는 비전진성 형태로 유영한다.

정자는 미부(편모)에 에너지를 공급해서 운동한다. 즉, 장축으로 배열된 필라멘트 미세소관 다발(filament microtubule bundles)과 주변 수축 단백질인 조섬유로 구성된 편모는 대사과정에서 생산된 화학적 에너지(ATP)를 기계적 에너지로 전환하는 미세구조를 가지고 있다.

② 활력의 평가

정액의 활력은 현미경하에서 운동의 형태와 정도에 따라 직접 또는 간접적으로 평가한다.

직접 평가
정자 활력을 측정하기 위하여 37℃로 가온한 정액성상검사판(또는 슬라이드) 위에 정액을 한방울 떨어뜨린다. 먼저 저배율(100배)에서 정자를 신속하게 관찰하여 생존 운동 정자의 백분율을 구하고, 고배율(400배)에서 정자의 운동 속도와 형태 및 운동 정자의 비율을 자세히 관찰한다. 운동정자의 비율이 높고, 정자의 운동속도가 빠르며, 정액 내 빠른 소용돌이 현상이 나타날 때 우수한 정액으로 판정할 수 있다.
간접 평가
정액의 활력은 분광광도계(spectrophotometer) 또는 사진술(photography)을 이용하여 간접적으로 측정할 수 있다. 분광광도계를 이용한 활력 평가는 정액을 투과하는 빛의 양을 측정하여 정자의 농도, 속도, 운동 형태 및 운동 정자의 비율을 간접적으로 측정하는 것이다. 또한 사진술은 정자의 운동 형태뿐만 아니라 정자의 이동 속도, 정자 두부의 곡선 속도, 평균속도, 전진 비율 및 직선 지수 등을 측정하는 것이다.

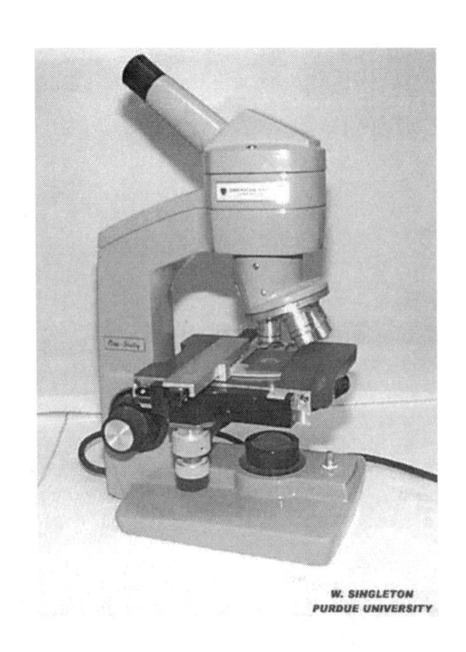

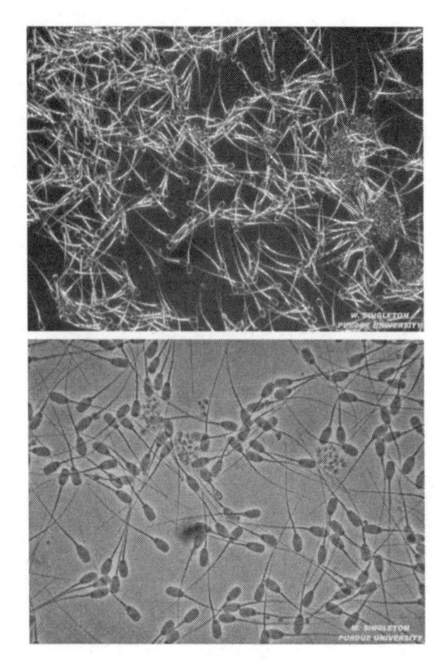

(7) 정자의 농도와 농도의 측정

1) 정자의 농도

수소의 정액 ㎖당 정자의 수는 수천만에서 30억 마리의 범위에 있으며, 평균 ㎖당 약 10억 정도이다. 정액간 변이가 심하기 때문에 정액의 ㎖당 정자수를 정확하게 측정하는 것은 매우 중요하며, 측정된 정자의 농도와 정액량을 곱하여 총 정자수를 계산할 수 있다. 계산된 총 정자수는 인공 수정할 암소의 수를 결정하는 중요한 지표가 된다.

2) 정자의 농도 측정

정자의 농토 측정은 주로 혈구계산기를 이용하고 있으며, 정자농도를 계속 측정하는 인공 수정 소에서는 신속하고 객관적인 평가를 위해 광도계(photometer)

또는 투명도 검사기(opacity test equipment)를 이용하기도 한다.

(8) 정자의 생존성과 생존성 검사

1) 정자의 생존성

양질의 정액에는 전진 운동을 하는 생존 정자(viable sperm)가 높은 비율을 차지하고 있다. 이렇게 활발한 생존 정자는 비활성 정자까지 움직이게 하여 활력 검사에서 오차를 유발시킨다. 따라서 정액의 질을 정확하게 판정하기 위해서는 생존성 검사와 활력 검사를 동시에 실시하는 것이 중요하다.

2) 생존성 검사

정자의 생존성(viability)은 염색액이 정자세포 안으로 침투하는 유무를 조사하여 평가할 수 있다. 즉, 사멸 정자만 염색액이 침투하여 염색된다. 주로 정자의 생사 염색액으로는 트리판블루(trypan blue) 또는 에오신 등이 사용되고 있다.

3) 정자의 저온 충격 내성 검사

저온 충격(cold shock)에 대한 정자의 내성 검사는 정자의 저온저장능과 수정능을 신속하게 판단하기 위하여 이용되고 있다. 표본 정액은 저온 충격에 대한 완충제 또는 보호제가 들어 있는 희석액으로 희석하여 사용하는데, 이는 원정액을 사용하면 너무 많은 정자가 죽게 되어 정액간 적절한 비교가 어렵기 때문이다.

(9) 정액의 희석

정자가 생명을 유지하기 위해서는 정자의 체내 또는 체외에 있는 물질을 대사하여 에너지를 획득하지 않으면 안 된다. 정자가 이용할 수 있는 체내기질로는 plasmalogen이 알려져 있으며, 체외기질로는 수종의 당류와 지방산, 유리아미노산 등으로 알려져 있다. 그러나, 외부로부터 대사기질을 첨가하지 않는 한 사출된 정자가 이용할 수 있는 대사기질의 양에는 스스로 한도가 있다.

정자는 자신이 이용할 수 있는 대사기질을 전부 이용해 버리면 결국 사멸하게 된다. 따라서 정자를 자기간 보존하고 싶을 때에는 외부로부터 대사기질을 첨가함과 동시에 정자의 운동성을 최소한으로 억제하여 에너지 소비를 줄일 수밖에 없다. 이러한 이유 때문에 정액을 보존할 때에는 적당한 희석제로 희석하여 저온에 보존하고 있는 것이다.

정자를 56℃의 고온에 두면 순간적으로 사멸한다. 그러나 인공수정의 일상 업무에서 문제가 되는 것은 고온이 아니고 저온이다.

정액이 급속도로 냉각되면 정자는 **저온충격**(cold shock)을 받아서 생존성과 운동성이 현저하게 저하된다. 다시 말하면 정자가 저온충격을 받으면 정자세포막(cell membrane of sperm)을 구성하고 있는 지질이나 단백질이 변성하게 되고, 그 결과 정자 내의 성분인 K 및 cytochrome등이 유출하며, 정자 밖에 있는 Na나 Ca 및 Zn 등은 정자 내로 유입하게 된다. 이러한 변화는 저온충격에 의하여 세포막이 파괴됨으로써 세포막의 능동수송의 기구가 기능을 상실하고 오직 농도배합에 의하여 물질의 이동이 일어나기 때문이다.

정액 희석의 필요성
① 정자의 장기생존에 불리한 원정액의 조건을 변화시킨다.
② 적극적으로 정자의 생존성을 보호하는 조건을 부여한다.
③ 정액의 양을 증가시킨다.

1) 희석배율

소 정액의 희석 배율과 희석 정액량

정액; 사정량 7㎖, 정자의 농도 10억/㎖, 운동정자비율 70%	
액상정액의 희석 배율 계산	
원정액 ㎖당 운동 정자수	700,000,000
희석 정액 ㎖당 요구되는 운동 정자수(예)	10,000,000
희석 배율	700,000,000/10,000,000 = 70
희석정액	7× 70 = 490㎖
동결 정액의 희석 배율 계산	
원정액 ㎖당 운동 정자수	700,000,000
동결 정액 ㎖당 요구되는 운동 정자수(예)	14,000,000
동결전 ㎖당 운동정자수 (30% 사멸 고려)	20,000,000
희석 배율	700,000,000/20,000,000 =35
희석 정액량	7 × 35 =245㎖

2) 희석액의 조건

① 에너지원과 보호물질

희석액에 첨가되는 포도당, 과당, 유당 및 갈락토오스 같은 당류는 정자의 에너지원으로 이용된다. 또한 당류는 적정 삼투압을 유지하며 온도 충격을 완화할 목적으로 이용된다.

난황과 우유는 정자의 대사물질을 함유하고 있을 뿐만 아니라 저온 충격으로부터 정자를 보호하고 또한 지방단백질이나 카세인과 같은 콜로이드성 단백질을 함유하고 있어서 염류에 의한 정자의 변성을 억제하는 기능이 있다.

② 전해질과 완충제

희석액에는 Na, K, Mg 및 Ca 등의 양이온이 주로 첨가되는데, 첨가량이 지나치면 정자의 생존에 영향을 미친다.

희석액은 정액과 등장(等張)이어야 한다. 따라서 희석액의 삼투압은 280-300 mOsm이 되도록 조정한다. 또한 pH를 유지하기 위해서 구연산염, 인산염, 중탄산염, 황산염 및 주석산염 등을 첨가한다.

③ 정자의 대사 촉진제 및 억제제

정자의 대사를 억제하여 정자의 생존성을 연장시킬 수 있다. 즉, 채취한 정액을 가급적 좁은 관에 넣고 밀봉하여 공기와의 접촉을 차단하고 지나친 흔들림을 억제하여 정자의 대사를 줄여 불필요한 노화를 방지한다. 또한 희석액 중에 이산화탄소를 첨가하여 대사를 억제하기도 한다.

정자의 생존성과 운동성 증진을 위해 첨가물로써는 호르몬(thyroxine) 과 비타민 B, B, C가 첨가되며, 정자의 대사 억제제로써는 로마닉산, 벤조에이트, 시안화물, 히드로퀴논 및 디니트로페놀이 첨가된다.

④ 항생물질

세균의 생존과 증식을 위하여 정자의 대사 기질을 이용하고 나아가서 세균의 대사 산물은 정자의 생존성에 해를 주기 때문에 이를 방지하기 위하여 항생물질이 이용되고 있다.

· 페니실린, 스트렙토마이신 (그람양성균과 그람음성균의 성장을 억제)
· 카나마이신, 겐타마이신, 폴리믹신과 술파닐아미드(sulfanilamide) -->항균제
· 미노신 --> 정액 내 유리아플라스마 또는 마이코플라스마를 통제

(10) 정액의 동결보존

동결정액을 이용하면 인공수정의 이점을 극대화 할 수 있다. 즉 정액을 원하는 시기에 언제든지 이용할 수 있고 우수한 종웅축이 노령으로 정액을 생산하지 못하거나 사망한 경우, 여름철 정액 성상이 저하되는 시기, 생식기 전염병이 만연하는 시기에도 이전에 저장 보전한 동결 정액을 이용하면 정액을 최대한 이용 극대활 할 수 있다.

1) 동결방법

정액의 동결방법은 동결 속도에 따라 완만동결법, 급속동결법 그리고 2 단계 동결법으로 구분된다.

①완만동결법(slow freezing)
0℃에서 −15℃ 사이에 분당 2℃이하로 동결되고 이후 분당 3−5℃의 속도로 −79℃ 까지 45분이 소요되는 동결 방법이다.

② 급속동결법
0℃에서 −79℃까지 2−60초 이내에 동결되는 방법이다.
급속동결은 수소결합을 만들기 용이하며 분자량이 커서 공융점이 높은 당이나 polyalcohol과 같은 동해방지제를 이용하면서부터 가능하게 되었다.

③ 2단계 동결법

−27℃에서 −30℃의 온도를 비교적 완만히 통과시켜 가능한 완전한 탈수를 유도하고 이후 급속히 동결시켜 세포내 동결을 억제하는 방법이다. 이때 세포외 동결을 **예비동결**(preliminary freezing)이라 한다.

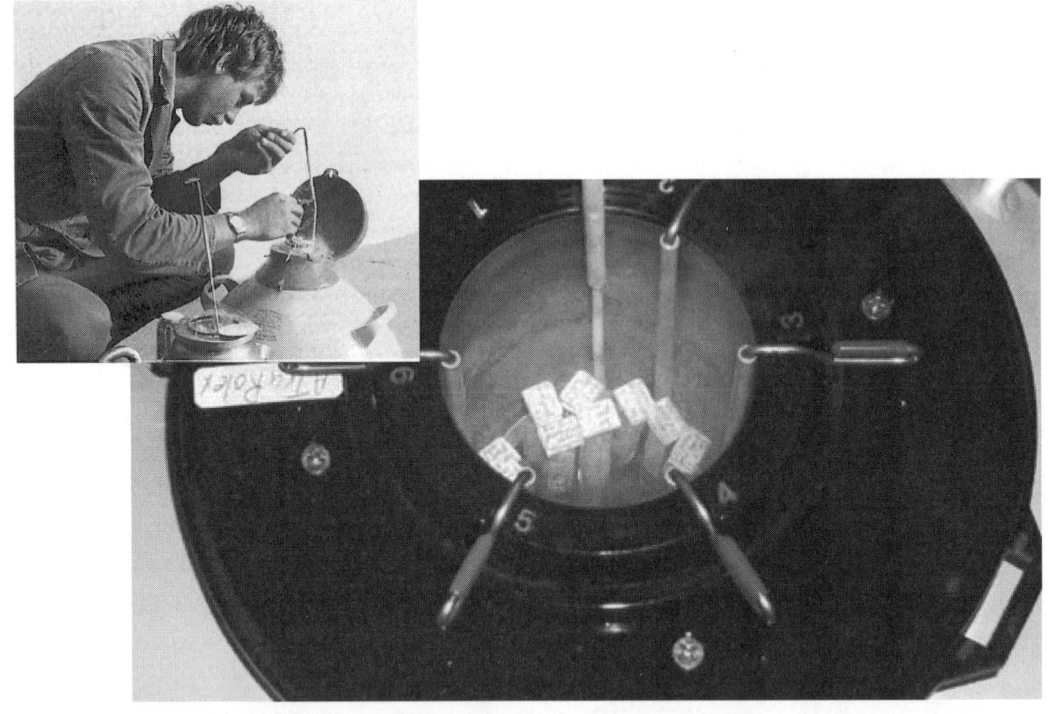

희석된 정액의 앰플을 보관하는 액체질소 탱크 (-196℃)

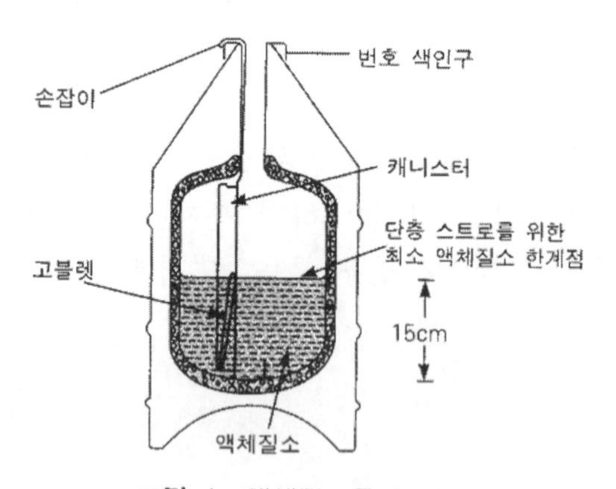

그림 1. 액체질소통의 단면

2) 정액의 충진 용기와 동결

정액을 충진하는 용기에 따라 동결 방법도 달라져야 한다. 스트로에 충진한 희석 정액은 보통 액체질소 증기에서 동결되어 -196℃에서 저장되는데, 스트로의 넓은 표면적과 얇은 벽 때문에 열전달이 신속하여 보통 수초 이내에 정액이 동결된다.

3) 동결 정액의 융해

동결 정액은 정액의 충진 방법이나 동결 속도에 따라 융해 방법이 다르다. 앰플에서 동결한 정액은 주로 37℃에서 융해한다. 정제화 동결 정액은 39-40℃보다는 55℃에서 융해하는 경우 더 높은 수태율을 얻을 수 있다. 현장에서는 40℃에서 융해하여 만족한 결과를 얻을 수 있다.

(11) 정액의 주입

높은 수태율을 얻기 위해서는 양질의 정액을 건전한 번식 조건에 있는 건강한 암소의 발정주기 중 적절한 시기를 선택하여 인공 수정하여야 한다.

발정 양상에 따라 외부 생식기에 뚜렷한 변화가 나타나는데 **발정 전기**(proestrus)에는 외음부가 팽창되고 붉게 충혈 되기 시작하며, **발정기**(estrus)에는 외음부가 최대로 팽창, 충혈 되고 자궁경관 점액의 누출을 관찰할 수 있다. **발정후기**(postestrus)에는 팽창하였던 외음부가 퇴축되고 분홍색으로 퇴색되며, **발정휴지기**(diestrus)에는 외음부에서 팽창이나 충혈의 흔적을 찾아 볼 수 없게 된다.

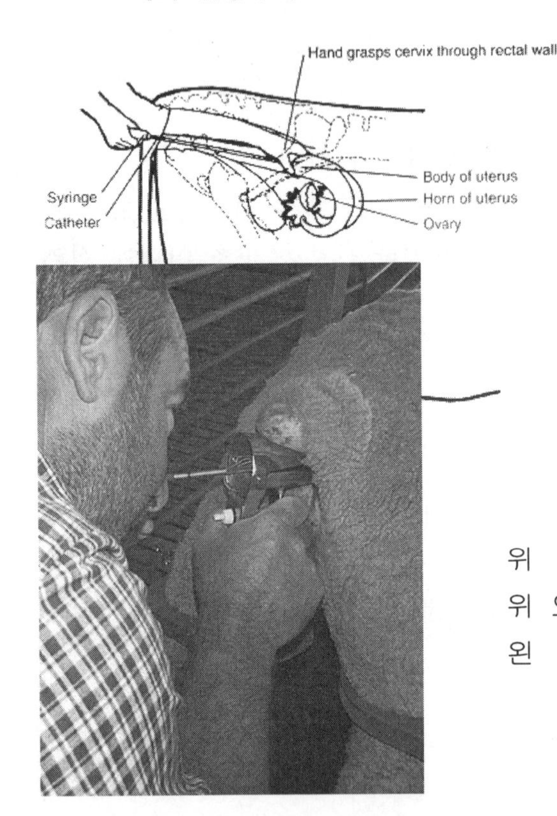

위 왼 쪽 : 소의 인공수정(대형동물)
위 오른쪽 : 개의 인공수정(소형동물)
왼 쪽 : 면양의 인공수정(중형동물)

3. 반려견의 인공수정

경제성장과 더불어 핵가족화의 가속화로 인간성 상실과 개인주의 팽배로 반려견 사육이 일반화되면서 수요가 증가일로에 있다.

그러나 반려견의 올바른 사육환경과 번식기술의 미비로 고급품종 반려견의 공급은 수요에 충분하지 못한 현실이다. 이러한 문제로 반려견의 교미비용은 고가로 형성돼 있을 뿐만 아니라 외국으로부터 종견 수입이 날로 증가하고 있다.

수입된 종견을 이용한 교미비용은 고가일 수밖에 없고 또한 근친교배에 따른 반려견의 번식률 저하와 번식장해 등의 문제점이 노출되고 있다. 이러한 문제점의 해결과 우수한 종견의 이용효율을 향상시키고 국내의 반려견 수준을 한 단계

높일 수 있는 방법은 인공수정의 보급과 이를 이용한 반려견의 생산체계의 구축이 필요한 시점에 있다.

인공수정을 이용한 번식기술은 이미 가축에서 그 효율이 증명돼 있지만 반려견에서는 실용화되지 못하고 있는 실정이다.

반려견의 인공수정이 일반화되기 위하여 해결돼야 할 몇 가지 중요한 문제점을 안고 있다.

반려견 인공수정 시 해결 및 문제점
자궁내 인공수정기구 및 인공수정기술의 개발
완벽한 동결정액의 제조기술 정립
정확한 인공수정적기의 판단기술 정립
동결정액의 체계적인 수급문제 해결방안 모색
반려견의 상거래질서의 회복
채취 총 정자수의 불충분

(1) 반려견 인공수정의 필요성

- 수컷을 거부하거나, 적기에 승가를 허용치 않을 때
- 음부나 자궁에 문제가 있거나 성행위로 인한 질병 예방목적
- 선택한 배우자와 자연 교배시키기에 거리가 너무 멀 때
- 적절한 순종의 액상정액이나 냉동정액으로 교배를 원할 때

(2) 반려견의 인공수정 현황

국내의 반려견 인공수정은 초보적인 단계로 판단된다. 몇몇 동물병원 개업 수의사에 의하여 **질내주입법**에 의한 인공수정을 실시하고 있으나 일반적인 보급단계를 위해서는 정액의 이용효율과 동결정액의 보급 및 수태율의 향상 등의 문제를 해결해야 할 것으로 판단된다. 이를 해결할 수 있는 방법은 우수한 종견들로부터 채취한 정액을 동결정액을 제조해 자궁내 정액을 주입하는 방법인 자궁내 인공수정기술의 개발일 것이다. 이와 같은 현실에도 불구하고 앞으로 반려견의 수요증가에 따른 국내 반려견 시장의 폭발적인 발전을 예상한다면 기본적인 번식 · 육종을 위한 기초적인 기술개발과 저변확대를 위한 번식기술의 보급이 요구된다.

기본기술에는 자궁내 인공수정기술의 개발과 정립이 무엇보다 우선적으로 요구되고 있다. 이와 같은 기술을 이용한 번식기술의 확립은 반려견 시장의 수요 · 공급에 능동적으로 대처하면서 보다 더 고급형의 반려견을 생산함으로써 고부가가치의 산업으로 정착시키는데 일조할 수 있을 것이다. 또한 소형견 뿐만 아니라 대형견 등 수요와 공급 등을 고려한다면 그 시장은 더욱 확대될 것이며 중국 등으로 수출도 점차 확대되고 있는 상황으로 인공수정 기술의 수요는 날로 증가할 것으로 판단된다.

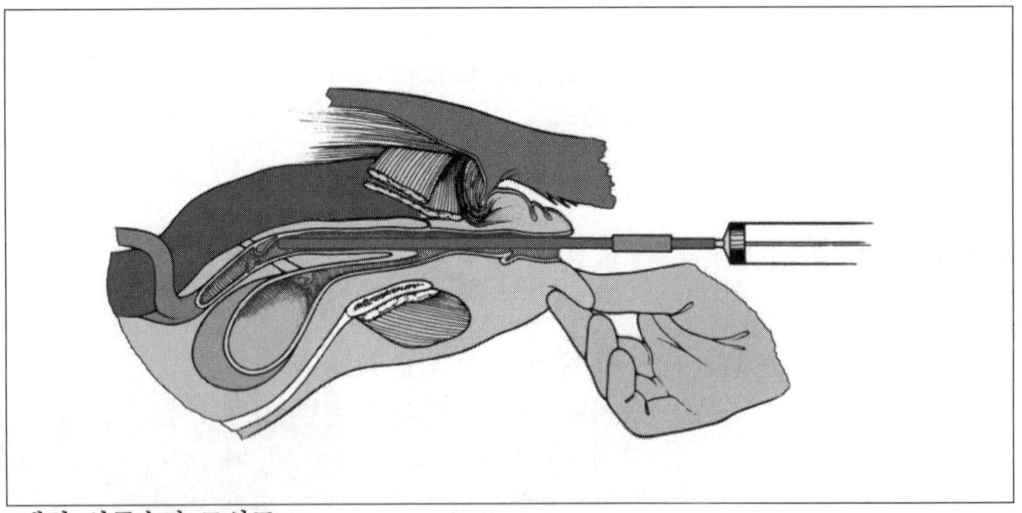

개의 인공수정 모식도

http://www.ansci.wisc.edu/jjp1/ansci_repro/lec/lec_25_dog_cat/lec25out.htm

(3) 반려견 인공수정 방법

1) 질내 인공수정

- 신선정액 채취시 가장 우선적으로 위생적인 채취가 중요하다.
- 자연교배시 사정하는 것과 동일한 자궁부위의 위치에 주사기로 주입
- 적절한 장비(채취튜브, 위생장갑, AI 피펫, 어댑터)와 기술 필요
- 자연교배와 동일한 수정률 획득위해 세심한 시술 필요

2) 경관주입 인공수정

질내 정액 주입에 비해 수정 성공률이 높은 장점이 있으나, 경관주입 장비들과 전문수의사 또는 인공수정사의 세심한 시술이 필요하다.

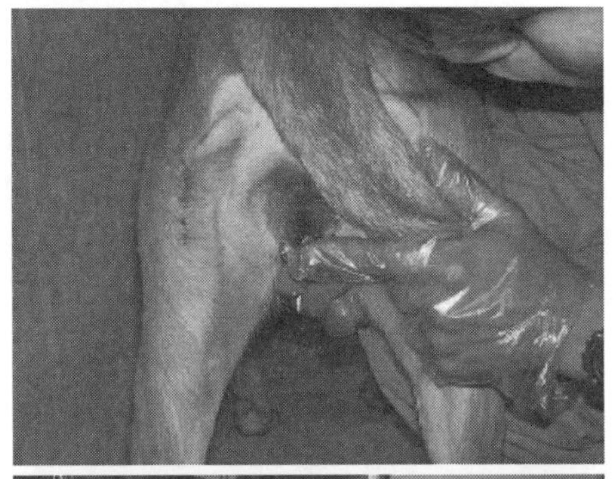
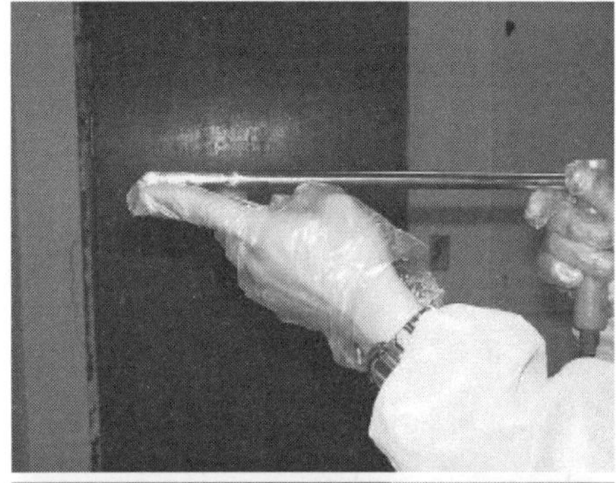
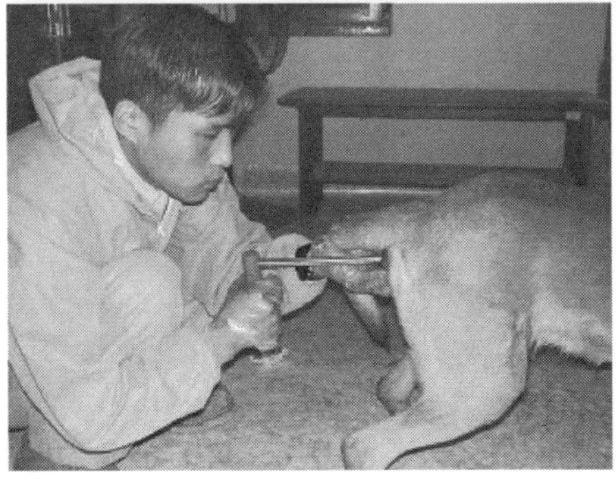
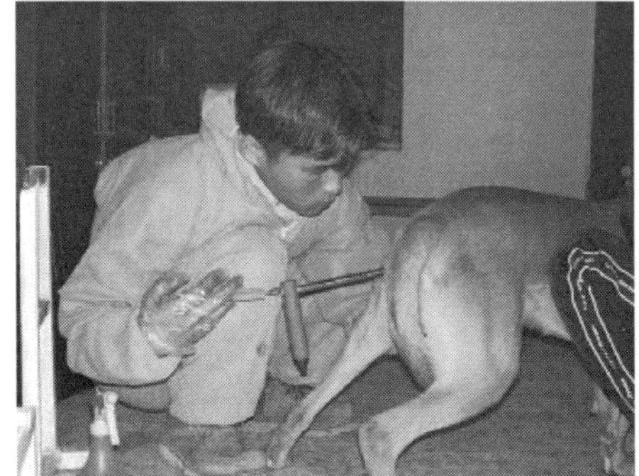

개의 인공수정(사진출처: 순천대학교 동물자원학과)

① 희석정액 인공수정
- 수정전일 또는 당일 채취하여 준비
- 완충제, 항생제 등이 첨가된 희석액과 섞어 보관
- 48~72시간 보관 가능

② 냉동정액 인공수정

- 초저온 액체질소 통에 보관되며 수백 년간 보존 가능함
- 족보가 확실한 순종의 정액을 수입 또는 채취 보관함
- 고도의 해동기술과 수정기술을 요하며 때로 외과적 수술로 수정시킬 필요도 있다.
- 1억 마리 이상의 정자가 보존 되어있지만 다소의 수태율 저하가 있기 때문에 가능한 한 연령이 낮고 번식성적이 높은 암컷에 수정하는 것이 유리하다.

3) 외과수술 인공수정

고가의 냉동정액이나 액상정액등 수태율을 높이기 위할 때 외과적으로 자궁을 들어내어 양 자궁각에 정액을 주입한 뒤 다시 복강에 수술로 넣는 방법으로 수술 전 위생적인 처치와 수술 후 항생제 치료가 필요하며, 배란시기를 정확하게 파악해야 한다.

(4) 개의 생식기관의 구조적 특징

1) 암캐의 생식기관 구조의 특징

암캐의 생식기 구조에서 가장 특징적인 것은 질과 자궁의 모양일 것이다.

질은 외음부에서 자궁경관에 이르는 모양이 활과 같이 매우 굽어 있어 쉽게 자궁경관을 보거나 조작할 수 없는 구조로 돼있다. 또한 질경 및 다른 인공수정 기구를 주입하기 위해서는 반드시 후구를 약 20~30cm 정도 높여주는 자세를 취할 수 있도록 해야 한다. 왜냐하면 질의 구조상 직선의 질경이나 인공수정기구 등을 정자세의 개에게 주입하기란 불가능하기 때문에 인위적으로 후구 쪽을 높여줌으로써 주입을 용이하게 할 필요가 있다.

일반적으로 이용되고 있는 질내 주입에 의한 인공수정 시에는 정액의 역류방지를 위해서 이와 같은 자세를 약 10분 정도 취해주는 것이 정액의 자궁내 진입을 도울 수 있을 것이다.

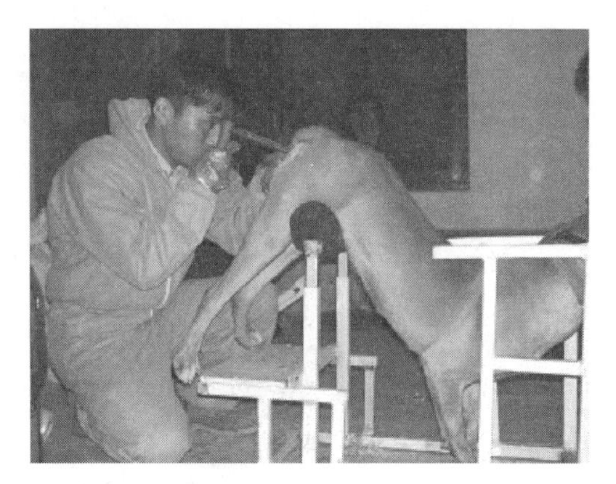

개의 인공수정(사진출처: 순천대학교 동물자원학과)

2) 수캐의 생식기관 구조

수캐의 생식기는 다른 가축과 달리 음경에 뼈가 있으며 **요도구선(bulbus glandis)**이 있어 음경의 중간부위가 다른 부위에 비해 매우 두툼하게 크다.

실제로 정액을 채취하거나 교미시 이 부분의 압력에 의해 사정을 하게 되는

데 발기 시 공급된 혈액이 암컷의 질근육의 압력으로 유출되지 않으면서 발기를 유지시키고 사정중추를 자극해 사정하게 된다.

또한 정액 채취 시에도 이 원리를 이용해 직접적으로 이 부분에 압력을 가해 정액을 채취할 수 있다. 또한 구선의 또 다른 용도는 자연교미시 사정된 정액의 역류를 방지하는 것으로서 중요한 기능을 하고 있다고 판단된다.

(5) 인공수정 시 개의 보정

개의 생식기 구조상 인공수정기구의 주입이 용이하지 않기 때문에 암캐의 후구를 약 20~30㎝ 높여서 활과 같은 구조의 질을 최대한으로 일직선상의 모양으로 맞춰준 후에 인공수정기구를 질내에 주입하는 것이 최선의 방법일 것이다.

인공수정을 위해서는 후구를 높여줄 수 있는 보정대를 고안해 이용하는 것이 편리하다. 또한 발정개의 갑작스런 공격에 대비해 입마개 또는 입을 묶어서 물리는 사고가 발생하지 않도록 주의를 요한다.

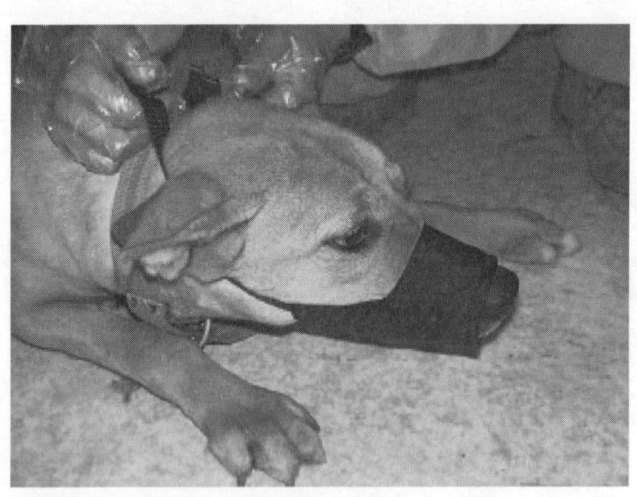

입마개 보정(사진출처: 순천대학교 동물자원학과)

(6) 동결정액제조

1) 정액 채취

개의 정액채취는 일반적으로 수압법에 의한 채취가 가능하다. 즉 요도구선(bulbus glandis)의 압력에 의한 정액의 채취방법으로 약 5~10분 정도 소요되면서 약 5㎖ 정도의 정액을 채취할 수 있다.

개의 사정은 1 · 2 · 3차 fraction으로 사정을 하는데 1차 및 3차에는 정자의 농도가 거의 없으며 2차 fraction의 정액에서 농후한 정자를 얻을 수 있다. 그리하여 채취시 정액의 색깔로서 이것을 구분할 수 있을 뿐만 아니라 되도록이면 2차 fraction의 정액만을 채취 튜브에 받는 것이 좋다.

일반적으로 정액중의 정자 농도는 약 1~5억 정도의 총 정자수로서 경제적으로 이용하는데 많은 문제점을 노출시키고 있다. 이것은 수캐의 개체 차이에 의한 정자농도가 달라질 수 있지만 일반적으로 이 범위에 속한다. 정액 채취시 고려해야 할 사항들을 정리하면 다음과 같다.

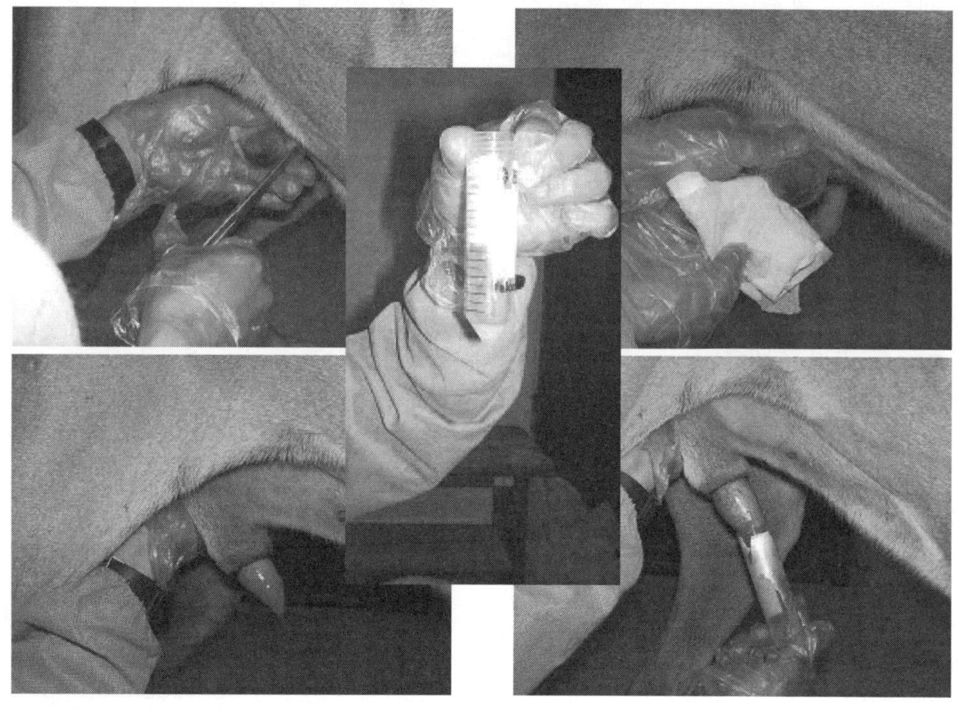

개의 정액 채취 방법(사진출처: 순천대학교 동물자원학과)

① 표피 부분의 털을 깎고 생리식염수 등으로 깨끗하게 닦아줘 음경의 출입시 오염물질의 접촉을 최소한으로 줄인다.
② 정액채취 장소는 일정한 온도를 유지하는 청결한 장소에서 행한다. 채취시 외부온도의 영향으로 정자의 생존성에 영향을 최소화하기 위해서다.
③ 채취하는 정액을 받을 용기는 외부온도의 영향을 막을 수 있는 것으로 준비해야 한다. 일반적으로 이용할 수 있는 방법은 50㎖ 튜브를 따뜻한 온수가 들어있는 비닐봉지에 넣고 정액을 채취한다. 이때 50㎖ 튜브 입구에는 깔대기를 설치하는 것이 정액의 누출을 막을 수 있다.
④ 채취장소는 직사광선을 피할 수 있는 곳이어야 한다. 직사광선에의 직접적인 노출은 정자의 손상을 가져올 수 있다.
⑤ 정액채취는 약 5~10분 정도 찔끔찔끔 사정하기 때문에 음경의 구선을 잡고 있는 손이 피로할 수 있다. 그러나 완전히 사정할 수 있도록 충분한 시간을 주는 것이 차후 정액채취를 위해서 요구된다.
⑥ 정액채취를 위해서 끼는 일반적인 polyglove는 뒤집어서 착용해 사용해야 한다. 왜냐하면 polyglove의 접착부분에 의해서 음경에 상처를 입힐 수 있으므로 주의해야 한다.
⑦ 채취한 정액은 가능한 빠른 시간 내에 1차 희석액에 희석시켜야 한다. 적정한 온도에서는 정자의 대사가 활발하게 진행되고 있기 때문에 희석액에 희석하지 않고 장시간 노출시킨다면 정자의 활력도가 급격히 떨어질 수 있다.
⑧ 정액 취급시 가장 주의해야 할 것은 정액의 급격한 온도변화를 최소한으로 유지하는 것이다. 정액의 급격한 온도변화는 정자의 손상에 직접적인 원인을 제공할 수 있으며 생존성에 큰 영향을 미칠 수 있다.

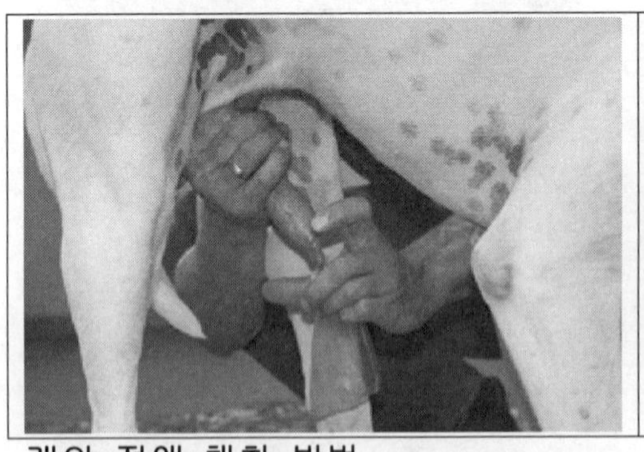
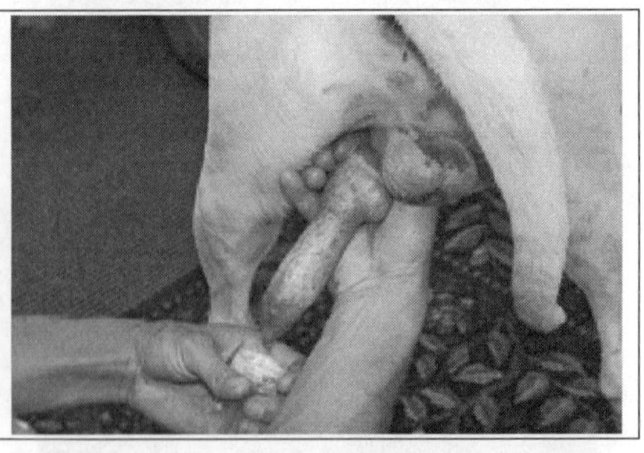

개의 정액 채취 방법
http://www.ansci.wisc.edu/jjp1/ansci_repro/lec/lec_25_dog_cat/lec25out.htm

2) 동결정액제조

이후에 가능하다면 희석액 Ⅰ에 적정농도로 희석해 희석된 정액이 함유된 튜브를 500~1000㎖ 비이커에 중탕으로 담아서 5℃ cold room 또는 간이냉장고 등에서 5℃까지 약 2~3시간에 걸쳐 냉각을 실시한다. 이때 중탕에 사용되는 온도는 희석액 Ⅰ의 온도와 같은 온도로 반드시 사용해야 하며 중탕을 함으로써 천천히 온도의 하강을 유도할 수 있다. 즉 중탕을 하지 않는다면 적은 양의 정액은 단시간 내에 5℃까지 하강함으로써 정자의 냉각감각에 의한 손상을 입을 것이다. 5℃까지 하강된 것을 확인 후에 같은 온도와 같은 용량으로 준비된 희석액 Ⅱ(글리세롤 함유)를 10, 20, 30 및 40%의 용량으로 10분간 간격으로 약 1시간에 걸쳐 희석액 Ⅰ에 첨가함으로써 희석을 유도한다. 이때 갑작스런 용량으로 희석을 실시하면 삼투압의 영향으로 정자의 손상을 가져올 수 있으므로 위 조건으로 실시하는 것이 바람직하다고 판단된다. 희석액 Ⅰ, Ⅱ의 완전한 희석이 완료된 후에는 액체질소를 스티로폼에 담고 그 위에 그물망을 설치해 액체질소의 증기에 의해 냉각될 수 있도록 한다. 그리고 0.5㎖ straw에 정액을 주입하고 봉입한 후에 code 번호를 기록하고 예비동결을 실시한다. 이때 주의해야 할 점은 체온이 직접 straw에 전달되지 않도록 장갑을 끼고 작업을 한다던가, 핀셋 등의 보조기구를 이용해 실시함으로써 정액의 온도변화를 최소한으로 줄인다.

일반적으로 이러한 조건들을 갖추기 위해서는 이 모든 과정을 cold room 내에서 실시하는 것이 가장 바람직한 것으로 판단된다. 만약 냉장고 내에서 냉각을 실시한 후 이러한 과정을 실시하기 위해 냉장고 밖으로 끄집어내 실시하면 온도의 변화를 줄이는 데는 한계가 있음을 확인할 수 있을 것이다.

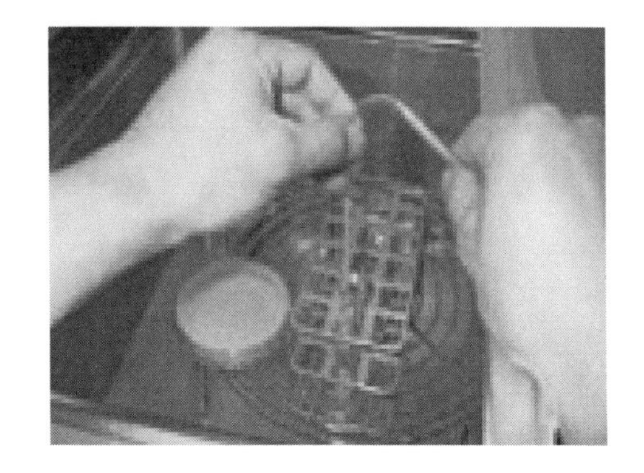

3) 정자농도의 조절

채취한 정액의 농도는 개체 및 채취빈도 등 다양한 조건들에 따라 농도가 다를 수 있기 때문에 채취 때마다 농도를 체크하는 것이 올바른 태도일 것이다.

채취한 정액을 약 300xg 정도로 원심분리해 정액 pellet을 남기고 상층액을 제거한 후에 약 0.5㎖ 희석액 Ⅰ로 1차 희석해 약 1㎖로 만들어 혈구계산판으로 정자의 농도를 조사한다. 이때 평균 2억 마리의 정자농도로 보면 약 1㎖ 희석액 Ⅰ을 더 첨가해 최종적으로 2㎖ 희석액 Ⅱ를 희석했을 때 총 4㎖ 즉, 5000만/㎖의 농도로 제조할 수 있다. 이는 약 8개의 straw를 제조할 수 있는 용량이다.

정자의 농도는 수정률에 직접적인 영향을 미치는 것이기 때문에 정확한 농도 계산은 대단히 중요한 부분으로서 수행자 본인의 데이터에 근거한 농도를 조절하는 것이 요구된다.

혈구계산(혈구 계산판의 계산방법: 정자수/㎖=0.1mm^3 내의 정자수×10×희석배율×1000)의 이용은 간편하면서 실용적으로 이용할 수 있는 것으로 농도가 높지 않은 개의 정자수 계산에는 효과적으로 이용할 수 있다.

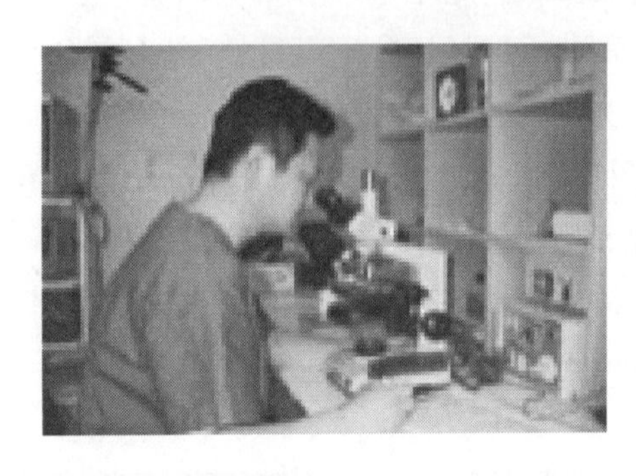

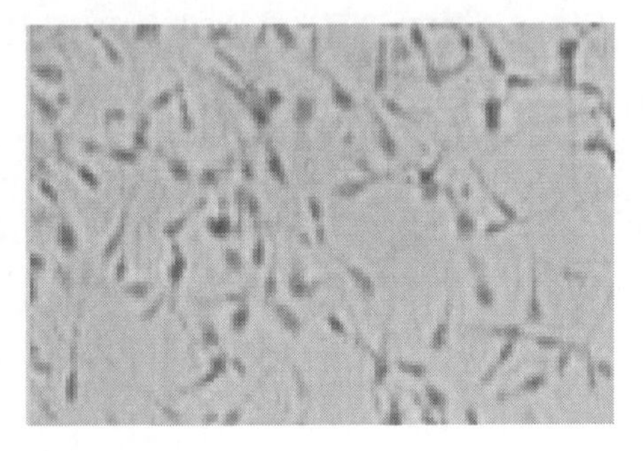

(7) 인공수정 적기의 판단

1) 호르몬농도

발정개의 혈중호르몬 농도에 따른 배란시기 및 수정적기의 판단방법은 정확한 방법 중의 하나로 판단된다.

일반적으로 progesterone의 혈중농도가 5ng 이상일 때 수정적기로 판단해 1차 수정을 실시하고 이후 48시간 후에 2차 수정을 실시한다. 일반적으로 LH peak values 후 약 2일째에 배란이 일어나며, 배란 후 약 48시간 동안 체외성숙기간을 거친 후 정자와 수정을 하게 된다. 그러므로 배란되는 시기에는 progesterone이 5ng정도 이상으로 계속 상승하는 시기로서 적정농도의 progesterone 농도일 때 수정을 시키면 성숙된 난자와 정자의 수정을 유도할 수 있다. 이와 같은 혈중 progesterone을 측정하기 위해서는 Status-Pro라는 kit을 사용해 측정할 수 있다. 이는 호르몬의 농도에 따른 색깔의 변화를 관찰함으로써 판단할 수 있는 간단한 kit이다. 그러나 이것을 이용하기 위해서는 구입으로 인한 수요자의 비용부담 증가가 문제가 제기되는 단점이 있다. 또한 개체에 따른 혈중 호르몬의 농도가 일정하지가 않아 100% 정확성을 가지지 못하는 문제도 있다.

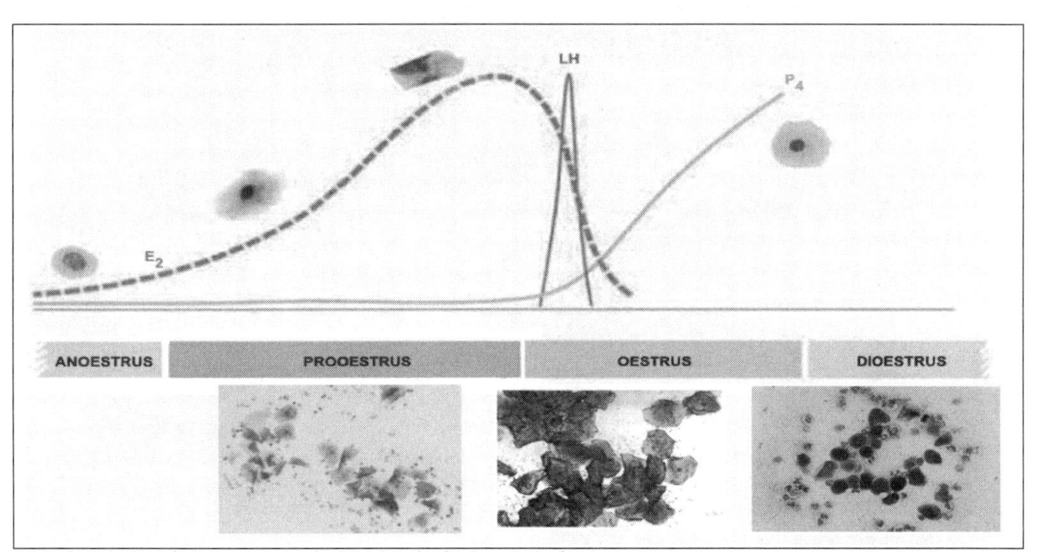

개의 배란기 호르몬 변화와 질 상피세포 변화

http://www.intechopen.com/books/artificial-insemination-in-farm-animals/artificial-insemination-in-dogs

2) 초음파를 이용한 수정적기의 판단

초음파를 이용한 배란 및 수정적기의 판단방법은 가장 정확한 방법일 수 있다. 즉, 발정주기에 따른 난소를 관찰함으로써 난포형성과 배란에 의한 난포변화를 알 수 있다.

해부학적으로 난소는 콩팥(Kidney)의 바로 뒤쪽에 위치해 있어 콩팥을 먼저 관찰하고 바로 뒷부분을 조사하면 난소의 위치를 정확하게 발견할 수 있다.

개의 난소는 비발정기에는 난소피질에 전혀 난포의 생성이 이뤄지지 않고 있다가 발정기에 난포를 형성함으로써 발정개의 난포를 초음파의 화상에서 쉽게 관찰할 수 있을 것이다. 이들 난포의 크기와 대난포 등을 관찰한 후에 매일같이 난포를 관찰하면 배란된 난포, 즉 출혈체의 황체를 관찰할 수 있으며 정확한 배란 일자를 추정한 후 약 2일 후에 1차 수정을 실시하면 좋은 수정율을 얻을 수 있을 것이다.

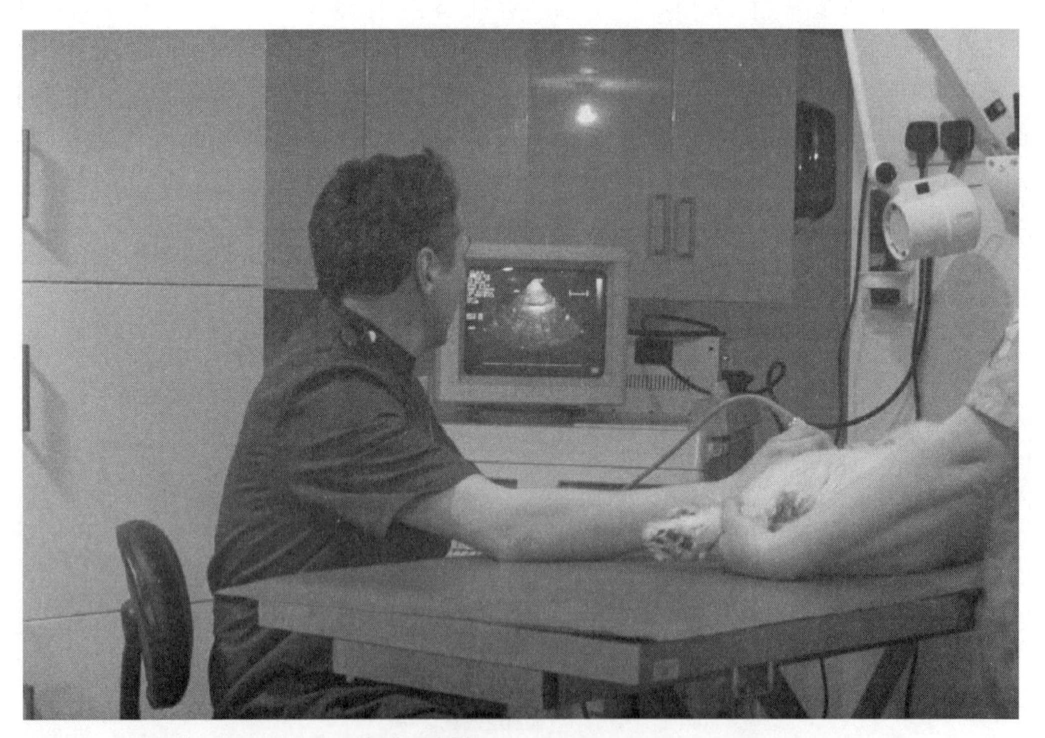

초음파 진단에 의한 난소 상태 관찰

http://www.best-friends.co.uk/a-day-in-the-life-of-a-veterinary-surgeon/

3) 정관결체 시술된 수컷의 이용

경험적인 방법으로서 정관결체 시술된 수캐를 이용한 수정적기의 판단방법도 하나의 방법으로 이용될 수 있다. 즉 발정개가 수캐의 승가를 허용하는 시기를 수정적기로 판단하는 방법이다. 이 방법은 정확성은 떨어지나 외음부의 부기 및 출혈된 혈액의 색깔 등과 함께 경험적인 방법 중의 하나로 이용될 수도 있을 것이다.

(8) 동결정액의 보급체계 구축

궁극적으로 동결정액을 이용한 인공수정은 종견으로부터 정액채취 및 동결정액제조, 인공수정기술의 보급 및 체계적인 동결정액의 공급체계 구축 등과 같은 효과적으로 움직일 수 있는 조직이 필요할 것으로 판단된다. 인터넷으로 연결된 홈페이지 구축으로 모든 필요한 수요자는 홈페이지에 방문해 종견과 정액을 선택하고 공급받고, 또한 기술적인 자문을 요청할 수 있도록 배려돼야 할 것이다.
인공수정에 직접적인 영향을 미칠 수 있는 요인들(동결정액의 생존율, 정자농도, 수정방법, 수정적기판단, 번식기 질병) 중에서 가장 중요한 몇 가지의 예를 들고 이들에 관련된 현재까지 보고된 외국의 자료들을 살펴봄으로써 우리들의 예상결과를 유추해볼 수 있을 것으로 판단된다.

개의 자궁내 인공수정방법을 이용한 번식에는 많은 이로운 점을 얻을 수 있다. 우선 종견의 효율적인 이용과 시간적 · 공간적 제약을 해소할 수 있다. 또한 자연 교미에 의한 근친번식을 체계적인 인공수정으로 최상의 산자를 얻을 수 있다. 또한 손쉽게 우수한 종견을 선택할 수 있는 기회가 주어지고 종견수입으로 지출되는 수백억 원의 외화낭비를 막으면서 좀 더 우수한 종견의 동결정액을 수입해 이용한다면 더욱더 고급형의 산자를 생산할 수 있을 것으로 판단된다. 그러나 이러한 장점에도 불구하고 인공수정을 실시하면 반드시 성공할 것이라는 생각은 금물이다. 가축의 경우에도 인공수정에 의한 수태율이 50~60% 전후로 매우 저조한 성적을 보이고 있는 것을 알 수 있듯이 개의 경우에도 인공수정 후 수태율에 미치는 영향들이 다양하게 제기될 수 있으므로 이러한 경우를 반드시 고려해 소유주들에게 인식시켜야 할 것이다.

인공수정은 번식기 계통의 전염병을 막을 수 있는 좋은 방법이기도 하지만 종견 선발시 번식기 질병 감염여부, 인공수정기구의 관리 철저, 동결정액제조 및 시술자의 청결유무 등이 결정적으로 영향을 미칠 수 있으므로 주의를 요한다.

반려견의 인공수정은 앞으로 경제성장과 더불어 증가추세가 가파를 것으로 판단된다. 단기수익보다 장기적인 종견의 개량과 저변확대에 보다 더 많은 관심을 보여야 할 것으로 판단된다.

Chapter 7
수 정 및 착 상

1. 수 정

수정(fertilization)이란 정자가 난자 내로 들어가 정자가 가지고 있는 핵과 난자가 가지고 있는 핵이 서로 융합하여 **접합자**(zygote)를 이루는 현상을 말한다.

이것은 반수의 배우자가 서로 합쳐서 배수로 환원되어 체세포의 본질을 회복하는 현상으로 양친의 유전자 평위를 회복하는 현상이다. 한편으로는 발생이 시작되는 시점이기도 하다.

수정의 의의	
발생학적 측면	수정이란 자극에 의하여 난자가 활성화된다는 점이다. 난자는 수정자극이 없으면 난할(egg cleavage)과 배발육(embryonic development)이 일어나지 않는다.
유전학적인 측면	수컷의 유전물질이 난자 내에 운반되는 점이다. 이 방법에 의하여 시간적으로 또는 공간적으로 멀리 떨어져 있는 동물이 수정에 의하여 서로 결합하여 새로운 생명체를 만들어낼 수 있는 것이다. 최근의 유전학설에 의하면 수컷의 중요한 유전물질은 정자의 핵 중에 있는 DNA이므로 자웅전핵이 융합하는 과정에서 난자와 정자의 핵이 합쳐지는 것이 수정의 핵심적인 과정이라 할 수 있다.

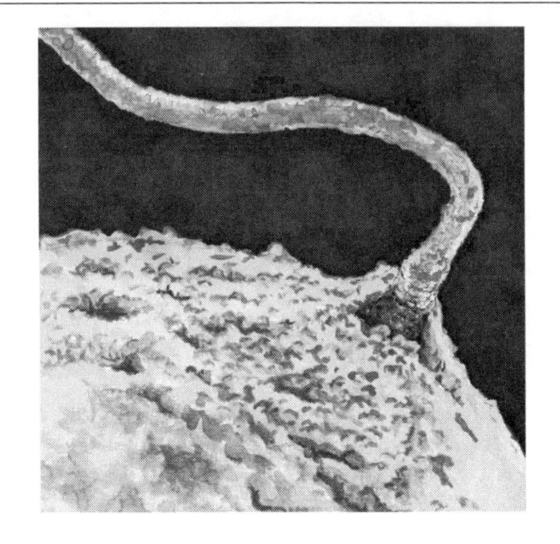

(1) 정자와 난자의 접근

1) 정자의 수송

인공수정이나 자연교배에 의하여 **질**(소, 면양, 산양, 토끼) 또는 **자궁경**(말, 돼지, 설치류) 내에 사출된 정자는 교배자극에 의한 자궁의 수축운동과 흡인작용 및 정자 자신의 운동성이 상호작용하여 자궁 내로 운반되고, 계속해서 수정부위인 **난관팽대부**까지 도달한다.

빠른 것은 10분 전후에 수정 부위에 도달하는 것도 있으나, 수정시키기에 충분한 수의 정자가 수정부위까지 도달하는 데는 상당한 시간이 필요하다. 자성생식기도 내에 주입된 정자수는 수억에서 수십억이 되지만 실제로 난관팽대부에 도달되는 정자수는 극소수에 불과하며, 수정에 필요한 다수의 정자가 수정부위에 도달하는 데 필요한 시간은 설치류에서는 1시간 내외이고, 소, 돼지, 면양과 같은 동물에서는 2시간 이상이 필요하다.

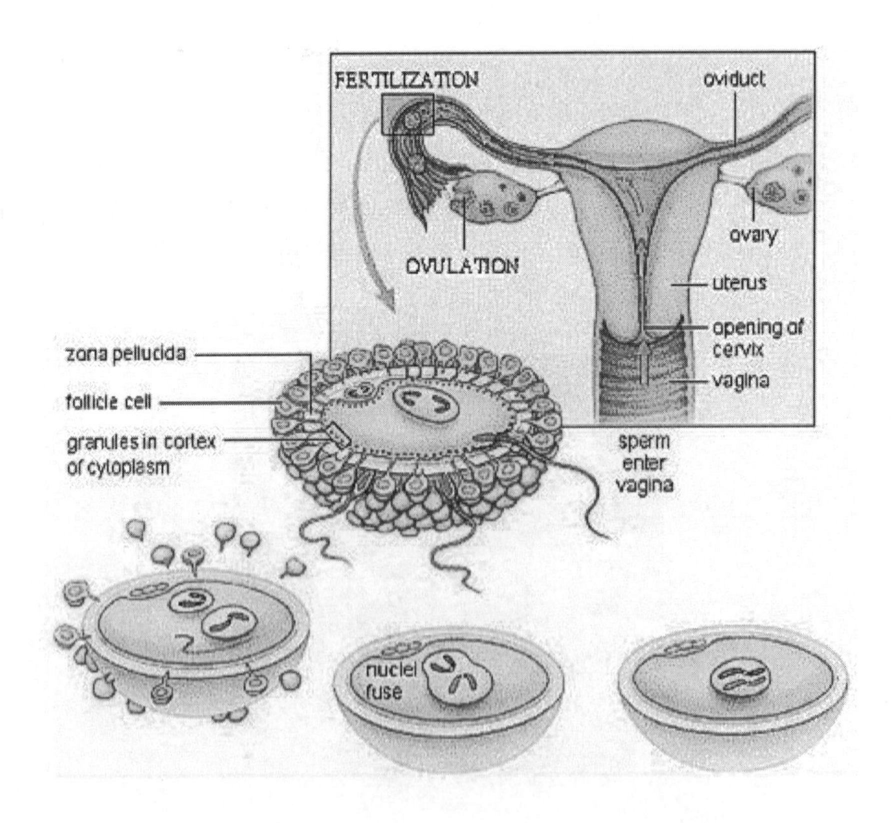

2) 난자의 이동

배란된 직후의 난자의 상태는 제2극체(secondary polar body)를 방출하기 전이며, 점성단백질층(mucoprotein coat)인 **투명대(zona pellucida)**에 쌓여있으며, 외측에는 난구세포(cumulus cell)층과 난구 세포 사이를 메우고 있는 끈끈한 기질로 둘러싸여 있다.

난구세포에 둘러싸여 있는 난자는 난관 내에 흡수되어 수정부위인 난관팽대부로 운반된다.

난소낭(bursa ovarii)이 발달되어 있는 동물(설치류, 개)은 난소낭의 내강을 채우고 있는 액내에 배란된 난자가 부유되어 난관 상피의 섬모운동으로 생기는 흐름을 타고 난관 내로 흡수된다. 토끼, 고양이 및 guinea pig 등은 배란시기가 되면 깔대기 모양의 **난관채(fimbria)**가 난소의 표면을 둘러싸고, 난포에서 배란된 난자는 주위의 난구기질의 점조성에 의하여 난관채의 주름에 부착되어 난관 섬모상피운동을 따라 배란 후 4~12분에 난관 내로 이동된다.

난관내로 들어온 난자는 상피의 섬모운동과 난관벽의 근육운동에 의해서 신속히(0.1mm/분, Halbert 등, 1976) 팽대부의 하단에 운반되어 정자의 침입을 받는다.

자성 생식기도 내의 정자의 이동

동물종	정액량(㎖)	정자수($\times 10^6$)	사정부위	정자의 난관 도달에 걸리는 시간	난관팽대부에 도달하는 정자수
소	6	7,000	질	2~13분(팽대부) 4~8시간 (난관 상부)	소수
돼지	250	40,000	자궁경, 자궁	30분(난관) 2~6시간(난관 상부)	80~1,000
면양	1	800	질	2~30분(팽대부) 4~8시간(팽대부)	240~5,000
토끼	1	350	질	3~6시간	250~500
개	10	125	자궁각	2분~수시간	5~1,000
고양이	0.1~0.3	56	질, 자궁각	-	40~120
Guinea pig	0.15	80	자궁체	15분(난관 중앙부) 3~4시간(난관 상부)	25~50
Hamster	>0.1	80	자궁각	2~60분(팽대부)	소수
흰쥐	0.1	58	자궁각	15~30분	5~100
생쥐	<0.1	50	자궁각	15분	>17
사람	3.5	125	질	30분(난관) 60분(팽대부)	소수

(2) 생식세포의 수정능력

1) 정자의 수정능력

정자가 난자의 투명대와 난황막을 통과하여 수정을 완성할 수 있는 능력을 획득하기 위해서는 암컷의 생식기도 내에서 몇 시간 체재하지 않으면 안 되는데, 이와 같은 체재를 통하여 정자가 받게 되는 생리적, 기능적 변화를 **수정능 획득**(capacitation)이라고 한다.

자성 생식기도내에 사출된 정자는 난관팽대부로 이동되는 동안에 **수정능력**을 획득하고 난자의 주위에서 난자와 반응하여 **첨체반응**(acrosomal reaction)을 일으킨다. 이 두 과정을 마친 정자는 독특한 미부의 운동성을 나타내고, 이와 같은 정자의 활성화된 운동은 정자의 투명대 통과를 돕는다.

자성 생식기도 내에서 동물정자의 수정능력 보유시간은 24~48시간으로 생존가능시간보다는 짧다. 노화된 정자에 의한 수정은 수정률과 수정란의 발생률이 다 같이 떨어지고, 이상 수정의 발생률이 증가한다.

2) 난자의 수정능력

난자의 성숙과 배란은 뇌하수체 전엽에서 분비되는 **생식선자극호르몬**(gonadotrophins)의 작용에 의하여 일어나며, 시상하부에서 분비되는 방출호르몬(LH-RH)의 지배를 받는다.

외인성 혹은 내인성의 LH 급격한 증량에 의하여 난포 내 난자에서 일어나는 최초의 변화는 난핵포(germinal vesicle)의 붕괴이고, 계속해서 성숙한 분열은 중기에 들어가 이 단계에서 잠시 머문 후 배란 직전에 제1극체(first polar body)를 방출하여 제2성숙분열의 중기(metaphase Ⅱ)의 단계에서 배란된다.

난자의 성숙에 수반되어 일어나는 중요한 변화 중의 하나는 정자에 대한 반응성의 변화이다. Iwamatsu와 Chang(1972)에 따르면 정자의 난자 내 침입은 난핵포의 붕괴 이후 성숙분열의 진행에 따라 증가하고, 성숙과정에 있는 난자의 투명대에는 수많은 정자가 침입된다. 이 시기에 **투명대반응**(zona reaction)은 아직 불완전한 상태이고, 성숙과정이 진행되면서 표층과립의 수가 증가하는 사실과 일치한다.

난자 내에 침입된 정자의 두부가 웅성전핵(male pronucleus)으로 발달되는 경우는 제1성숙분열 중기이후의 난자에 수정된 경우에 한한다. 이와 같은 현상은 제1성숙분열을 계기로 하여 비로소 난자가 수정능력을 갖게 된다는 사실을 의미한다.

배란 후 난자의 수정능력 보유시간은 24시간이내로 정자의 그것보다 짧다. 노화난자의 수정능력은 정자의 경우와 같은 시간이 경과됨에 따라 이상 수정의 빈도가 증가하고, 수정률과 수정란의 발생률이 떨어진다.

(3) 수정과정

일반적으로 포유동물은 발정기에 한하여 수컷을 허용하고, 허용의 개시는 배란에 앞선다. 또한 정자가 수정이 일어나는 난관팽대부에 도달하는 시간을 감안하면, 자연조건에서 정자는 난자에 앞서 수정 부위에 도달하는 사실을 알게 된다.

자성 생식기도 내에 주입된 정자는 수정부위에서 난자와 만나기에 앞서 난자 내 침입이 가능한 변화, 즉 **수정능력**을 획득하게 된다. 수정능력 획득은 자성 생식기도 이외의 환경(*in vitro*)에서도 일어나나, 발정기의 자성 생식기도 내에서 가장 효율적으로 유기된다.

1) 정자의 난자 내 침입

수정능력을 획득한 정자가 난자의 부근에 도달하면 난자주위의 물질인 난관상피세포의 분비물, 난포액 및 난구세포군에 반응하여 정자의 원형질막과 첨체외막(outer acrosomal membrane)이 부분적으로 융합하여 포상화 되고 첨체의 내용물이 외부로 방출된다. 이와 같은 첨체의 구조적 변화를 **첨체반응(acrosome reaction)**이라고 한다.

정자는 첨체반응의 초기에 hyaluronidase를 방출하여 배란 후의 난자 주위를 둘러싸고 있는 난구세포(cumulus cell) 사이의 기질을 분해하여 과립막세포를 분산시키고 투명대의표면에 도달한다. 그러나 소, 말, 돼지, 면양 난자의 과립막층은 배란 직후 에 분산되어 있어, 그 후에 정자의 침입을 받게 된다.

정자가 투명대와 접촉하면 첨체 내에 함유되어 있는 단백질 분해효소에 의하여 투명대에 통로를 형성하여 위난강(perivitelline space) 내에 진입한다.

정자가 투명대에 도달하여 난자 침입이 시작되는 시점에 이미 첨체외막은 소실되고 첨체내막이 완전히 노출되어 있는 점으로 보아 투명대 분해효소(zona lysin)는 첨체 내막에 잘 확산되지 않은 상태로 밀착되어 투명대 통과를 돕는 것으로 믿어진다.

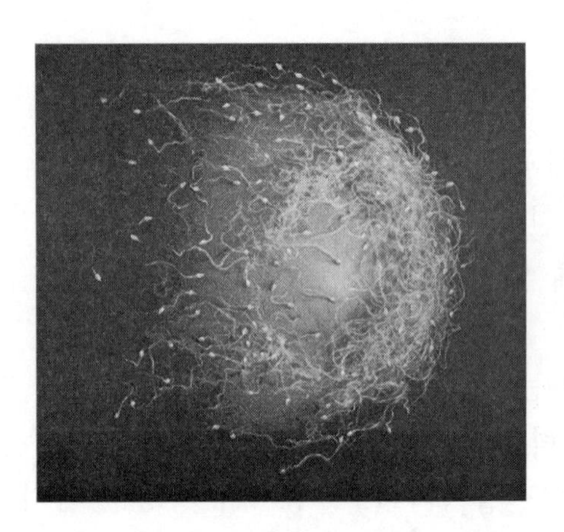

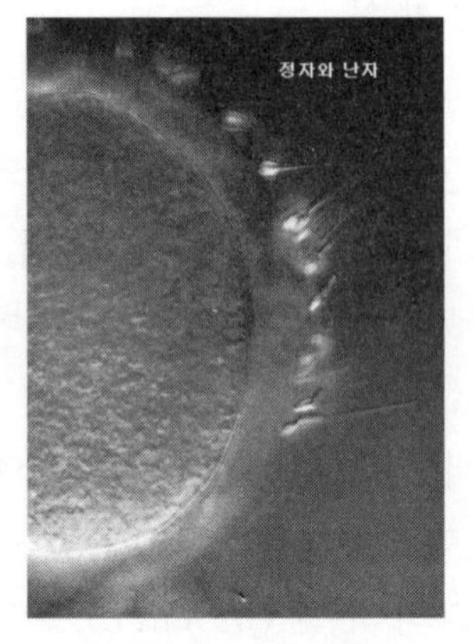

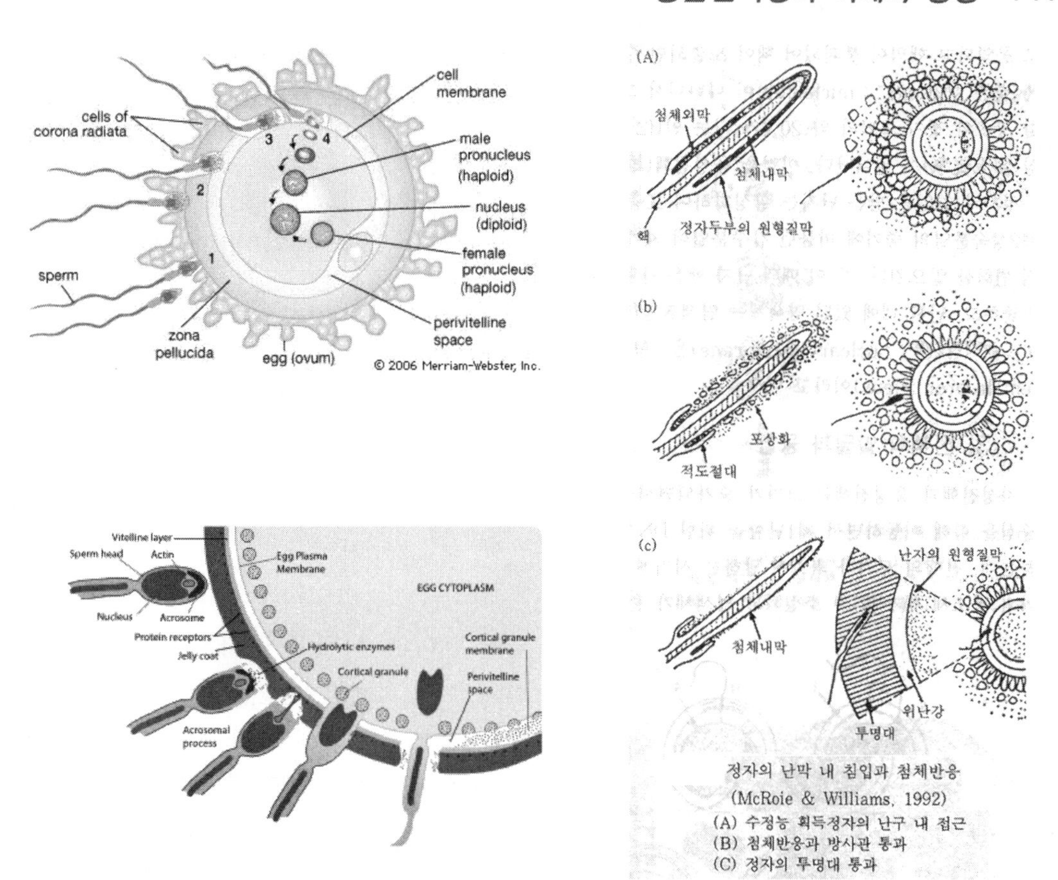

정자의 난막 내 침입과 첨체반응
(McRoie & Williams, 1992)
(A) 수정능 획득정자의 난구 내 접근
(B) 첨체반응과 방사관 통과
(C) 정자의 투명대 통과

2) 정자와 난자의 융합

투명대를 통과한 정자는 신속하게 위난강에 진입하여 난자의 원형질막과 융합한다.

정자가 난황막의 표면에 부착되면 꼬리의 활발한 운동은 급격히 둔화되고, 정자 두부의 후반부(post nucleus cap)가 난자의 원형질막과 융합하여 정자 전체가 서서히 난자 내로 몰입되고 핵막이 붕괴되어 핵이 노출되면 수분을 흡수하여 차차 팽윤해지고, 정자 내에 많은 핵인(nucleolus)이 나타나서 그 수가 증가되다가 이들이 합쳐져서 침입할 당초의 정자 크기의 약 20배가 되는 인이 되고 그 주위에 막을 형성하는 팽대현상이 일어난다. 이것을 **웅성전핵**(male pronucleus)

이라고 한다. 정자의 침입을 받은 난자는 활성화하여 표층과립이 붕괴되어 투명대반응을 일으키고, 제2성숙분분열의 중기에 머물던 감수분열이 재개되는 형태학적 및 생리학적 변화를 일으킨다.

즉 이때의 난자 핵은 난황막 주위의 가까운 곳까지 나와 제2극체를 방출하고, 난황 내에 있던 염색체는 염색질망이 되며, 그 안에 핵인이 나타나고 핵막(nuclear membrane)을 형성하는데, 이것을 자성전핵(female pronucleus)이라고 한다.

3) 전핵의 발달과 융합

자성전핵과 웅성전핵은 크기가 증가되면서 최초 크기의 약 2.5배가 된다. 즉 난자의 중심을 향해 이동하면서 제1난할을 위한 DNA의 복제가 시작되어 DNA의 함량이 증가하는데, 전핵의 크기가 최고에 달하는 시기에 난자의 중앙에서 2개의 전핵이 만나면 핵막과 핵소체가 소실되고 염색체가 출현한다.

이와 같이 하여 핵분열 전과같이 염색체가 모이고 정자와 난자 쪽에서 온 2개의 염색체군이 융합하는 **자웅전핵융합(syngamy)**이 일어나고, 염색체가 적도면에 늘어서서 제1회 난할의 전기를 나타내며, 배는 새로운 발생단계에 들어가 하나의 새 개체로 발달하면서 수정이 완료 된다.

수정과정을 시간적으로 보면 토끼는 배란 후 1~2시간에 정자가 난자에 침입하고 약1.5시간 후 전핵이 형성되며, 수정란의 제1회 난할은 배란 후 11~14시간일 때 일어난다. 전핵의 수명은 10~15시간이다.

동물별로 정자가 난자에 침입하여 수정이 완료될 때까지의 시간은 토끼 10~15시간, 생쥐 17~18시간, 면양 16~18시간, 소 20~24시간이라고 한다.

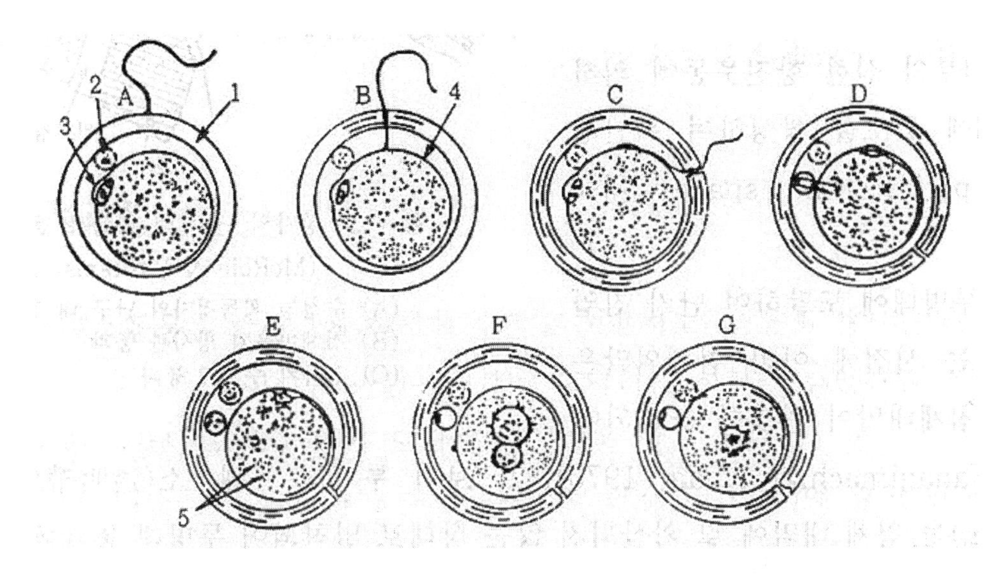

흰쥐의 수정과정을 나타내는 모식도

A: 정자는 투명대(1)와 접촉, 제 1극체(2)가 방출되어 있다. 난자의 핵은 제 2 감수분열이 진행중(3)

B: 정자는 투명대 내에 진입하여 난황(4)과 접촉, 이때에 반응이 일어난다. 투명대는 난황의 둘레를 회전한다.

C: 정자 두부는 난황막을 뚫고 들어가 난황의 표층에 있는데, 두부가 있는 곳의 난황은 융기한다. 투명대는 난황의 둘레를 회전한다.

D: 정자는 난황 중에 완전히 진입한다. 두부는 팽대하고, 난황량은 감소하며, 제 2극체가 방출된다.

E: 자성전핵과 웅성전핵이 형성된다. 이들 주변에는 미토콘드리아(5)가 집결한다.

F: 전핵은 완전히 발달하여 다수의 인을 함유한다. 웅성전핵이 자성전핵보다 크다.

G: 수정이 완료된다. 전핵은 소실하고 제 1차 난할의 전기가 시작된다.

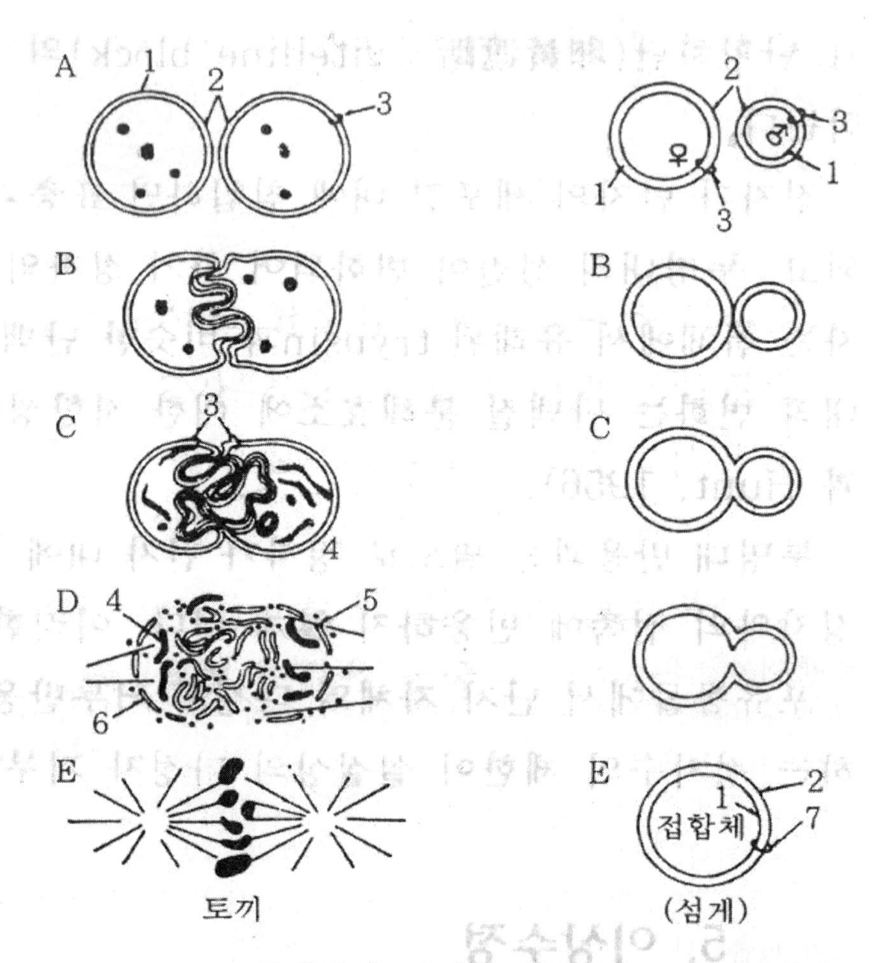

정자핵과 난핵의 합체(Longo, 1991)

A~E : 양전핵의 융합과정순서 1 : 내막, 2 : 외막, 3 : 전핵의 핵막, 4 : 염색체, 5 : 미소관, 6 : 핵막의 포상화 산물, 7 : 접합핵 핵막, 우 : 자성전핵, ♂ : 웅성전핵

(4) 다정자 침입의 방지

난자의 투명대와 난황막이 변하여 생기는 **투명대반응**(zona reaction)과 **난황차단**(vitelline block)의 2중작용에 의하여 다정자침입을 막는다.

정자가 난자의 세포질 내에 침입하면 표층과립이 붕괴되어 그 내용물이 위난강에 방출되고, 투명대의 성질이 변화되어 차기 정자의 침입을 거부한다. 표층과립 물질의 활성인자는 첨체에서 유래된 trypsin과 비슷한 단백질분해효소이고, 투명대의 변화는 단백질 분해효소에 대한 저항성이 증가되기 때문인 것으로 보인다.

투명대 반응과는 별도로 정자가 난자 내에 침입하면 난세포의 표면의 성질도 변화하여 정자와의 접촉에 반응하지 않게 된다. 이러한 변화를 난황차단이라고 한다.

포유동물에서는 난자 자체의 다정자 거부반응은 완전한 것이 못되고, 수정 부위에 도달하는 정자수의 제한이 실질상의 다정자 거부에 중요한 역할을 하는 것 같다.

(5) 이상수정

1) 다정자 침입

투명대반응과 난황차단이 있는데도 불구하고, 1개 이상의 정자가 난황 내에 침입하는 수가 있는데 이러한 정자를 **과잉정자**(supernumerary sperm)이라고 한다. 발생빈도는 정상적인 교배에도 1~2% 정도 이며, 특히 노화난자의 경우에는 출현빈도가 높다

다정자침입이 되면, 수정란 내에 침입한 정자수 만큼의 웅성전핵이 생기는 수가 많다. 만약 3개의 전핵이 형성되었을 때, 웅성기원인 큰 핵이 2개 있고 자성기원인 작은 핵이 하나 있으면 다정자 침입이 일어난 것이고, 반대로 자성 기원인 작은 핵이 2개 있다면 난모세포가 정자의 침입 직후에 일어나는 성숙분열시에 제2극체를 방출하지 않은 것이다. 만약 자성전핵이 3개 있으면, 이들 전핵이

융합할 때 3쌍의 염색체가 존재하게 되어 소위 3배체(triploid)의 배가 되는데, 이것은 발생초기에 사멸하게 된다.

2) 자성전핵생식과 웅성전핵생식

정자 침입의 자극으로 난자는 활성화되는데, 정자가 수정에 관여하지 않고 웅성전핵을 형성하지 않을 때, 이것을 **자성전핵생식**(gynogenesis)이라 하며, 반대로 자성전핵이 수정에 관여하지 않고 침입정자의 전핵만으로 배를 발육시킬 때, 이것을 **웅성전핵생식**(androgenesis)이라고 한다. 이들의 배는 모두 반수체이므로 정상 발육은 되지 않는다.

3) 단위생식

난자는 정자침입 이외에 물리화학적 자극에 의해서도 활성화되며, 이때에 드물기는 하지만 정상적인 배로 발육하여 새끼로 출산되는 수가 있다. 이것을 **단위생식**(parthenogenesis)이라고 하는데, 이것은 난자가 발생초기에 불완전한 성숙분열의 원인이 되어 2배체가 되었기 때문이라고 한다.

토끼의 난자를 단위생식으로 처리하였을 때 정상출산을 얻은 것은 1/2,000의 기회 밖에 되지 않는다고 한다. 그런데, 꿀벌과 같은 곤충의 난자는 정상적으로 항상 단위생식을 하여 수벌(drone)을 생산한다.

(6) 수정의 종 특이성

포유동물의 난자와 정자 사이에는 수정의 특이성이 인정된다. 예컨대 인공적으로 흰쥐의 질이나 자궁 내에 소, 생쥐, guinea pig 및 토끼 등의 정자를 주입하면 난관을 상승하여 난자 주위에 충분한 수의 정자가 도달하여도 난자 내에 침입하지 못한다.

수정능력을 획득한 정자를 사용하여 체외수정을 시켜도 결과는 같다. 반대로 수정능력을 획득한 생쥐 정자와 상기의 난자를 체외수정하면 동종의 생쥐 난자만이 정자의 침입을 받아 수정이 일어난다. 한편 난자의 투명대를 제거하면 수정능력을 획득한 다른 종의 정자침입을 받아 양자의 막융합이 비교적 쉽게 일어난다(1981). 종에 따라서는 투명대를 제거하여도 타종 정자를 받아들이지 않는 경우도 있다. 이와 같은 사실은 수정의 종 특이성이 난막 뿐만 아니라 난 표면에도 존재함을 시사한다. 현 단계에서 난자 내 정자침입의 종 특이성은 명확하지는 않으나, 양 배우자의 접착에 관여하는 세포막 표면의 말단잔기와 난막 성분 및 이들을 분해하는 효소 등의 종간 차이에 기인하는 것으로 생각된다.

(7) 성 결정의 이상

포유류의 체세포는 모두 한 쌍의 **성염색체**(sex chromosome)를 가지고 있는데, 자성동물은 서로 한 쌍의 X염색체(XX)를 가지고 있으며, 웅성동물은 X염색체와 Y염색체(XY)를 가지고 있다.

성세포의 염색체는 **반수체**(haploid)이기 때문에 성염색체는 하나 밖에 함유되어 있지 않으며, 난자는 모두 X염색체를, 정자는 X나 Y염색체 중의 하나를 함유하게 되므로 정상적인 수정에서는 난자가 X나 Y염색체를 갖는 정자 중의 어느 한쪽과 수정함으로써 자웅의 성이 결정된다. 이 2형의 정자가 동수라면 수태시의 제1차 성비(primary sex ratio)는 1:1이어야 한다. 그러나 배우자의 형성 및 수정과정에서 염색체의 불분리, 결실, 역위, 전좌 등이 원인이 되어서 염색체 이상이 나타난다. 성염색체의 불분리(disjunction)의 경우에 X염색체를 하나만 갖는 개체(태), 또는 여분의 X염색체를 갖는 개체(XXX, XXY)가 발생하는 경우가 있다.

사람에 나타나는 Klinefelter 증후군(XXY)은 외관적으로 남성에 가까우나, 정소기능의 불완전으로 여성화 경향을 나타내고, Turner 증후군(XO)도 생식선 형성의 부전으로 중성이 된다. 한편 XO의 염색체를 갖는 개체의 표현형이 자성인데 반하여 XXY의 개체는 웅성인 점으로 보아 웅성의 경정인자는 Y염색체인 것으로 보인다.

2. 난 할

수정이 끝난 수정란(fertilized ovum)은 난관을 거쳐 자궁에 이동되어 착상이 일어나기 전 잠시 난관과 자궁 내에서 유리상태로 머물면서 난자의 분할이 일어난다.

수정 후 1세포기의 난자는 용적이 체세포보다 크고 핵에 대한 세포질의 비율이 높다. 수정란은 분열을 반복하는 과정에서 수분을 흡수하여 용적이 증가되나, 세포질량은 증가하지 않는다. 오히려 분할 중에 소요되는 에너지원으로 난자 내 난황의 함량이 감소되므로 세포질의 용적은 감소된다. 이와 같이 세포질의 증가 없이 등분되는 세포분열을 **난할(egg segmentation, egg cleavage)**이라고 한다.

(1) 난할과정

난자는 수정이 이루어지기 전부터 약간의 극성(polarity)과 대칭축(axis of symmetry)이 인정된다. 핵은 동물극에 위치하며, 이 부위는 세포질이 농후하고, 리보핵산단백질(ribonucleo-protein)과 미토콘드리아(mitochondria)가 풍부하다.

그러나, 반대쪽의 식물극은 세포질에 공포(vacuole)가 많고, 미토콘드리아는 적다.

제1회 난할은 난자의 대칭면과는 관계없이 배우자 융합의 초기에 자성 및 웅성전핵이 위치하였던 부위를 지나서 동물극에서 부터 식물극에 이르는 면에서 이루어진다. 이후부터의 난할은 전회의 난할면에 대하여 직각면에서 이루어진다. 그러나 이러한 난할은 반드시 같은 시기에 일어나지 않으므로 3,5,7세포기를 볼 수 있다. 난할은 모두 유사분열(mitotic division)이기 때문에 각 세포의 염색체는 2배체(diploid, 2n)로 되어 있으며, 또한 난자는 분할과정 중에서 염색체 상실모양을 나타내는데, 이 배를 **상실배**(morula)라 한다.

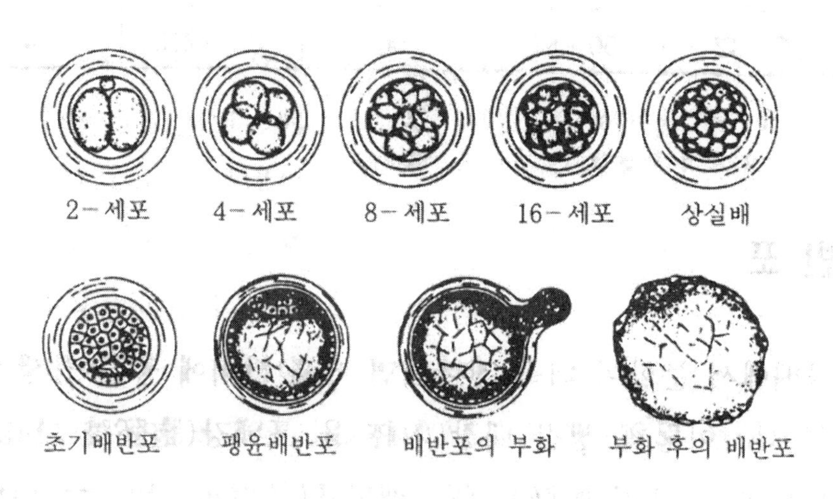

토끼배의 수정 후 분할과정(Maurer, 1991)

(2) 난할속도

수정란이 배발생의 일정단계에 도달하는 데 필요한 시간은 대개 아래의 표와 같다. 자연배란을 하는 동물종은 정확한 배란시간을 측정하기 어렵고, 품종 및 개체간의 차이가 있으므로 정확한 난할속도를 측정하기는 어려우나, 일반적으로 임신기간이 짧은 소동물의 경우는 가축에 비하여 배반포기에 도달하는 난할속도가 빠른 경험이 있다.

면양의 경우, 다배란의 결과로 다수의 **황체**(corpus luteum)가 형성되거나, 인위적으로 progesterone을 투여하면 배반포의 난할속도가 현저하게 증가되나, 모체환경(maternal environment)이 난할속도에 미치는 영향은 확실하지 않다. 또한 외인성의 스테로이드 호르몬(steroid hormone)은 난관 내 배의 이동속도에 영향을 미치며, 발정동기화로 이식한 배의 생존율이 떨어지는 원인이 된다.

교배 후 난자의 분할, 자궁 내 출현 및 착상시기

동 물 종	난자분할(시간)				자궁출현(일)	착상(일)
	2세포	4세포	16세포	배반포		
생 쥐	21~23	38~50	60~70	66~82	3	4
흰 쥐	24~48	48~72	96	108	3	5
토 끼	21~25	25~32	40~47	75~96	2.5~4	7~8
산 양	30.5	60	96	156	4	10~13
면 양	38~39	42	72	144~168	2~4	16~17
돼 지	25~51	25~74	80~120	120~144	2~2.5	15~24
말	24	30~36	98~100	144	6	40~50
소	27~42	50~83	96	192~216	4	30~35

※ 배란 후 시간

(3) 배반포

수정란이 상실배에서 분할이 더욱 진행되면 세포 사이에 공간이 생기고, 그 자리에 액체가 고이게 되는데, 이렇게 생간 내강을 **포배강**(blastocoele)이라 하고, 포배강이 커진 배를 포배 또는 **배반포**(blastocyst)라 한다.

배반포기 이후의 난할은 2종류로 분류할 수 있다. 그 하나는 동물성 반구(animal half)에서 유래되어 배의 안쪽, 즉 포배강의 한쪽에 위치하게 되는데, 이것을 내부세포괴 또는 태아배엽(embryonic blast)이라 하며, 이것으로부터 태아(fetus)가 발생된다. 또한, 식물성 반구에서 유래되는 얇은 세포층이 있어 내부 세포괴를 밖에서 싸고 있는데, 이것을 영양배엽(trophoblast)이라 한다. 이 영양배엽으로부터 **태반**(placenta)과 **태막**(embryonic membrane)이 발생된다. 이와 같은 세포의 분할이 진행되는 도중에 난자의 주위에 있던 투명대는 양이 줄고, 점조도가 없어지는데, 배반포기가 되면 투명대는 완전히 소실되어 배반포는 **나배**(naked embryo)가 되어 자궁에 착상하기 쉬운 상태가 된다.

투명대의 박리기전에는 배반포의 팽창에 따라 투명대가 파열되어 배가 외부로 탈출하는 부화(hatching)와 영양막 또는 자궁분비액 중의 용해소에 의하여 투명대가 용해 소실되는 것(그림7-9)이 있으며, 동물종에 따라 단독 또는 협동으로 이루어진다.

Hamster의 투명대는 용해(lysis)에 의하여 소실되며, progesterone의 영향을 받는다. 생쥐는 자궁에서 생산 분비되는 착상 개시인자가 투명대를 용해시키며, estrogen의 지배를 받는다.

임신초기에 난소를 제거하여 자궁이 estrogen 결핍상태가 되거나, 체외(in vitro)에서 배양하면 투명대를 포함한 난자의 외층과 영양막에서 분비되는 protease의 작용에 따라 투명대가 소실된다. 한편 투명대는 산성 용액에 용해되므로 자궁 내가 일시적으로 산성화되어 투명대 소실을 유도할 가능성도 있다.

임신 후 난자의 투명대 소실시기

동 물 종	투명대 소실시기
흰 쥐	임신 5일(13:00~18:00시)
생 쥐	임신 4일(23:00)~5일(3:00)
햄 스 터	임신 2일(+10시간)~3일(+19시간)
토 끼	교미 후 7⅓~7½ 일
돼 지	발정개시 후 8일
면 양	교미 후 8일
소	배란 후 10~11일

(4) 수정란의 이동

(1) 난관 내 이동

난관의 상단부에서 수정된 난자는 난전을 형성하였던 난구세포가 난자에서 이탈되면 재빨리 난관팽대부로 하강한다. 그리하여 난관액에 부유되어 자궁으로 이동해 내려가는데, 난관 내 용모의 유동운동과 난관의 수축운동에 의하여 하행한다.

수정란이 자궁에 도달하는 시간을 가축별로 보면 표7-2에서와 같이, 토끼, 산양, 면양, 돼지 및 소가 3~4일 걸리며, 말은 조금 늦어서 5~6일이 걸린다. 난관의 부위에 따른 통과시간은 토끼의 난자에서 실험한 결과를 보면 난관팽대부에서는 빨라 4.5~12.5분이 걸리고, 팽대부와 협부의 접합부에서는 1시간 이상 걸리며, 협부에서 약 3일간(70시간)의 오랜 시간 체류하다가 자궁에 도달한다. 이와 같이 난관의 부위에 따라 수정란의 이동속도에 차이가 생기는 이유는 난관의 상부인 팽대부는 관강이 넓고 난관근육과 융모 운동이 활발하여 이 부위의 통과는 빠르지만, 반대로 난관협부는 관강이 좁고 근육운동은 상대적으로 약하며 융모도 적고 그 운동성이 약하여 난자의 통과에 대한 조건이 나빠 오랜 시간이 소요되기 때문이라고 생각된다.

일반적으로 estrogen은 난관 근층의 운동을 촉진하고, progesterone은 억제한다. 난자의 이동에 대한 호르몬의 효과는 호르몬의 양과 동물종에 따라 다르고, 그 기전은 확실하지 않다.

협부 내에 도달된 난자는 이미 방사관세포(corona cells)와 난구물질이 분산되어 나화상태가 된다. 토끼의 난자는 협부를 통과하는 과정에서 복합점액다당류가 난자 주위의 투명대에 부착되어 두꺼운 뮤신층(mucin coat)을 형성하여 당분간 난자 표면에 붙어 있다가 소실되는데, 이들 물질은 난관 내에서 분할 중에 있는 배의 영양과 발육 중의 난자를 보호하는 것으로 추측된다. 토끼 이외의 대부분의 포유동물에서는 이와 같은 현상이 나타나지 않는다.

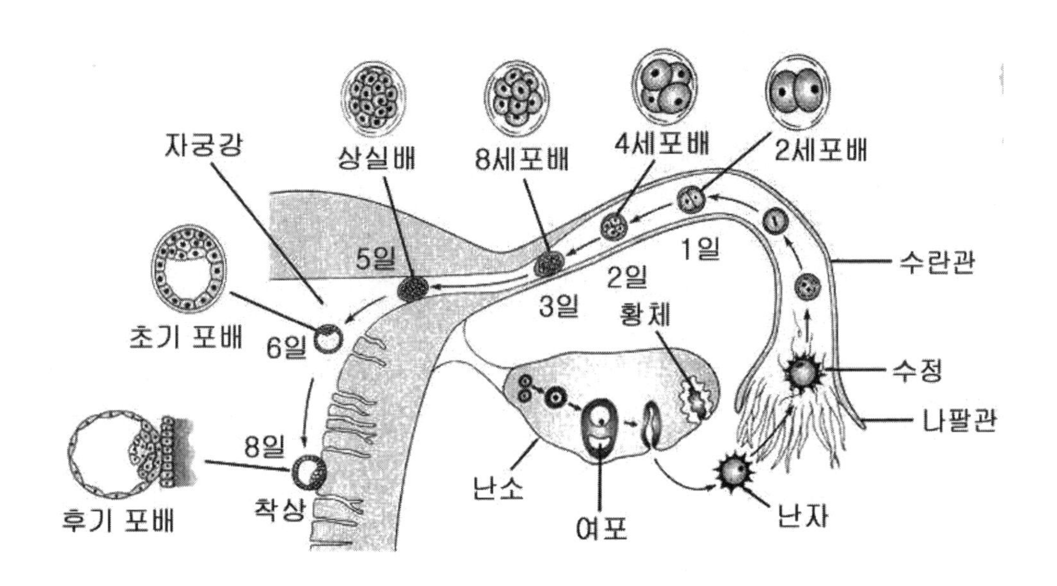

2) 배의 자궁 내 이동과 분포

다태동물의 수정란은 착상에 앞서 자궁 내에 일정한 간격으로 분포된다. 이와 같은 현상은 토끼의 경우에 교배 후 5~7일 사이에 이루어지며, 발생유인은 발육배의 크기가 된다. 배반포가 팽창하여 어느 수준에 도달하면 자궁의 연동운동이 시작되어 자궁각 내에 난자를 일정한 간격으로 배열시킨다. 이때에 배가 너무 커지면 자궁점막의 저항을 받아 이동하지 않고, 지나치게 작으면 자극의 발생원이 되지 못한다.

난자는 배란측 난관에서 자궁 내로 진입하여 착상되는 것이 보통이나, 자궁체를 경유하여 다른 쪽의 자궁각에 착상되는 경우가 있는데, 이와 같은 현상을 배의 자궁 내 전이(transuterine migration)라 한다. 자궁 내 전이의 발생률은 단태성의 소와 면양의 경우, 각각 0.27%와 4~8%로 낮은 편이나, 돼지의 경우는 40%에 달한다. 그러나 면양의 경우도 한쪽 난소에서 2개의 배란이 일어나면 발생률이 88%로 높아진다. 이 밖에 난자가 복강 내를 경유하여 다른 편의 난관에 수용되는 경우가 간혹 있으며, 이를 배의 복강 내 전이 라고 부른다.

(5) 쌍태의 발생

쌍태에는 1란성 쌍태(monozygotic 또는 identical twins)와 2란성 쌍태(dizygotic 또는 fraternal twins)가 있다. 단태동물의 2란성 쌍태는 한 발정기에 2개의 난자가 방출되어 이것들이 각각 별개의 정자에 의하여 수정된 것이다. 그러므로 태어나는 쌍자는 유전적으로는 보통의 형제자매와 같다. 실제, 면양의 2란성 쌍자가 성이 다를 때는 평균적으로 성이 같은 쌍자인 때보다 출생시 쌍자간의 체중차가 크다. 이러한 현상을 **촉진효과(enhancement effect)**라 하는데, 이는 자궁 내에서 태아간에 어떤 경합이 일어나기 때문인 것으로 생각된다. 뇌하수체성 또는 융모막성 성선자극 호르몬을 투여하면 다배란이 일어나는데, 이 다배란에 의하여 2란성 쌍태가 발생하는 빈도가 증가한다. 이 방법은 이미 면양의 번식기술로써 실용화되어 있다. 한편, 1란성 쌍자는 하나의 수정란에서 2개의 태아가 발생한 것이다. 이론적으로 보면 1란성 쌍자는 모든 동물종에서 발생할 가능성이 충분히 있다. 그런데도 1란성 쌍자가 태어나는 사실이 확인된 동물은 현재까지는 사람과 소뿐이다.

소의 쌍태율은 품종 및 연구자에 따라 다소 차이는 있으나 출산수의 2~4%의 범위를 보이고 있는데, 육우는 2%, 젖소 홀스타인종은 4%로써 젖소가 비교적 높으며, 1란성 쌍태의 출생률은 쌍태분만수의 2~10%에 불과하다.

1란성 쌍자는 1개체의 2분할에 해당되는 것이기 때문에 유전적으로 결정되는 모든 특징은 서로 닮아 있다. 또 성은 반드시 서로 같다. 유전 쪽으로도 꼭 같기 때문에 소의 1란성 쌍자는 젖소의 비유능력이나 고깃소의 산유능력 등에 미치는 환경인자의 영향을 연구하는 실험재료로써 특별한 이용가치가 있다. 1란성 쌍자는 대부분은 착상 후 발생이 상당히 진행된 시기에 일어나는 것으로 생각된다. 그 발생양식을 보면 하나의 배반포가 착상하여 하나의 내부세포괴가 2개의 원시선조(primitive steak)로 분리되어 이것들이 각각 다른 2개의 개체가 되는 경우로써 이렇게 형성된 쌍태는 융모막을 공유하며, 때로는 양막을 공유하는 수도 있다. 쌍태발생의 또 하나의 양식은 착상 전에 내부세포괴가 2분 되는 경우이다. 이러한 예는 면양이나 돼지에서 보고되어 있다. 이렇게 형성된 쌍태는 융모막이나 양막을 공유하지는 않는다.

돼지와 같은 다태동물의 임신자궁 중에는 몇 개의 배가 공존하는 것이 보통이나, 인접하고 있는 요막이나 융모막의 유합은 일어나지만 요막은 역시 유합하지 않는다. 그러나 소에서는 2란성 쌍태가 발생하는 경우는 드물지만 일단 발생하면 융모막과 요막이 다 같이 유합한다. 그 결과 인접하고 있는 배와 배 사이에 혈관 유착이 일어나고 혈류를 공유하게 된다. 소의 이성쌍자에서 혈류의 공유가 이루어지면 자성태아는 **프리마틴**(freemartin)이 된다.

3. 착 상

자궁 내에서 배(embryo)의 위치가 결정되어 모체의 자궁벽에 부착되는 것을 **착상**(implantation)이라 한다. 포유동물의 포배(blastocyst)는 자궁강에서 태반이 형성되기 이전에 어떠한 형태로든지 자궁벽에 부착되지만, 그 속도는 대단히 완만하다. 설치류의 배반포는 자궁벽의 함요부(pocket)에 들어가 모체조직과 밀접한 관계를 맺게 되고, 사람을 비롯한 다른 동물의 배반포는 자궁상피를 통과하여 그 속으로 들어가 자궁강과는 완전히 격리된 상태에서 착상한다.

동물의 착상과정은 대단히 완만하기 때문에 언제부터 착상이 시작되느냐는 문제는 이론이 많다. 그러나 대체로 면양은 교배 후로부터 10~22일, 소는 11~40일의 범위 내에서 착상이 일어나는 것으로 추정하고 있다.

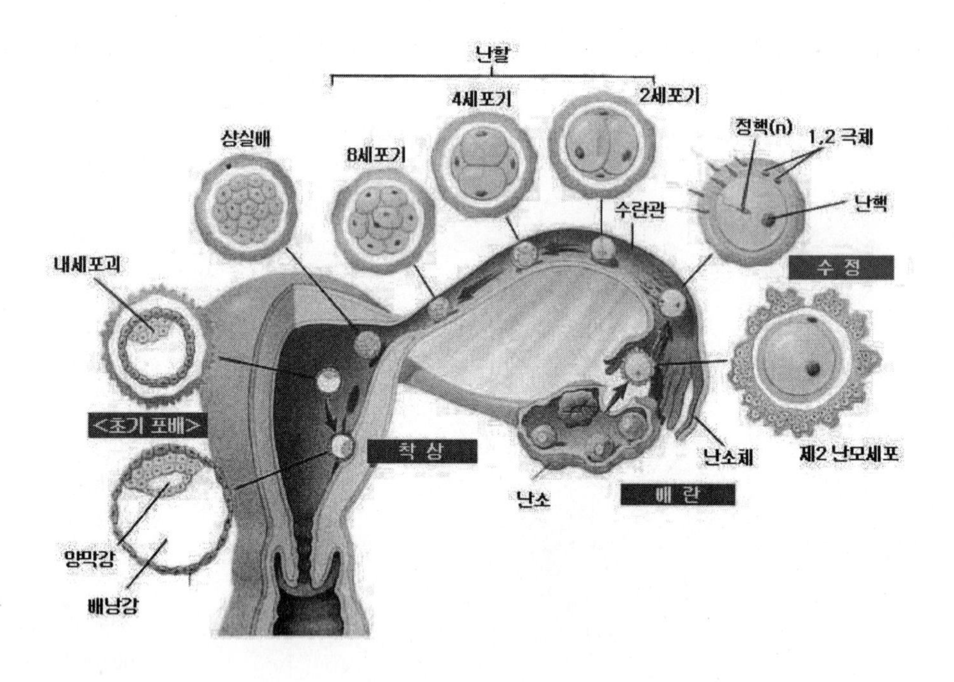

(1) 착상전 자궁의 변화

배가 난할을 계속하면서 성장하게 됨에 따라 자궁도 착상을 위한 준비를 한다. 즉 자궁근의 운동성이 감소되어 배가 자궁 내에 체류하기 좋은 상태로 되며, 자궁내막에는 혈관분포가 증가하여 혈액공급이 늘어나 glycogen, 지질, 단백질 및 핵산 등의 함량이 증가하고, 자궁상피가 비후해지며, 자궁선이 발달하는 등 착상성 증식변화가 일어난다. 이 시기의 자궁강 내에는 자궁유가 분비되어 착상전 배의 영양원이 된다. 이와 같은 자궁의 착상전 변화를 불러일으키는 주역은 progesterone임에는 틀림이 없으나, progesterone이 활동하는 데는 estrogen의 선행작용이 필요하다. 따라서, 자궁의 착상전 변화에 더 많은 영향을 미치는 것을 estrogen의 선행작용이 필요하다. 따라서, 자궁의 착상전 변화에 더 많은 영향을 미치는 것은 estrogen이나 progesterone의 절대량이 아니고, 이들 두 호르몬의 상대적인 비율이다.

(2) 착상부위 및 정위

착상은 일반적으로 태반형성의 초기과정을 가리키는 것이나, 경시적으로 명확히 구분하기는 어렵다. 배와 자궁강 상피세포의 접착은 일정한 시기와 부위에 국한되어 일어난다. 또한 착상배의 정위(orientation)에도 일정한 규칙성이 인정된다. 일반적으로 동물의 배반포는 자궁간막의 반대쪽에 착상한다. 실험적으로 흰쥐 자궁각의 일부를 외과적 수술에 의하여 180° 회전하여 그 위치를 변경하여도 배반포는 자궁간막 반대쪽에 착상한다. 이러한 사실로 보아, 착상부위는 배반포에 작용하는 외인적 작용보다는 배반포와 자궁벽의 관계에 의하여 결정되는 것 같다. 대부분의 포유동물 배반포는 자궁강 내에서 팽창하여 영양막세포가 자궁상피에 부착하는 **중심착상**(central implantation)을 하는데 반하여, 설치류(rodents)의 배반포는 중심에서 떨어져서 **편심착상**(eccentric implantation)을 한다. 이 밖에도 배반포가 내막상피를 통과하여 내막의 내부에 착상하는 **벽내 착상**(interstitial implantation)의 양식을 가지는 동물종(침팬지, 사람)이 있다.

다태동물인 돼지나 토끼의 경우 한쪽 난소에서 2개 이상 배란을 하여 수정되었을 때 배가 자궁각 내에 같은 간격의 위치를 정하면서 양쪽 전자궁각에 분산하여 이주, 정위하고 착상한다. 이와 같이 착상부위의 결정요인은 자궁근의 교반운동에 의해 배반포가 자궁 전장에 걸쳐 분산되며, 또한 배가 발육하여 어느 정도 커지면 배반포가 있는 곳을 기점으로 하여 일어나는 자궁근의 수축파에 의해 배가 자궁 전체에 분산되는 것과 배반포의 상호밀접 방어작용에 의한다. 대체로 난관에 가까운 부위에 착상한 배는 자궁경과 가까운 부위에 착상한 배보다 발육이 빠르고, 자궁경 가까이에 착상한 배는 흡수되기 쉽다.

(3) 착상과정

동물 배반포의 착상은 다른 실험동물에 비하여 완만하게 이루어지며, 영양막과 자궁내막상피의 부착상태는 그다지 밀착되어 있지 못하고, 영양막이 자궁내막에 침입하지 않는다.

동물을 포함한 유제류의 착상은 자궁상피와 융모와 태반이 형성되는 돼지와 자궁소구(caruncle)와 융모총(chorionic villi)으로 태반이 형성되는 소나 면양의 유형으로 크게 양분된다. 이들 동물의 배반포는 자궁내강에 머물면서 포배강에 액체가 충만되어 부피가 증가하고 투명대가 소실되어 자궁벽에 접착하게 된다.

1) 돼 지

돼지에 있어서 착상의 개시 시기는 수정 후 12일 경부터 24일 경까지 계속된다.

배반포를 싸고 있는 투명대는 7일 경까지 소실됨으로 영양배세포(trophoblastic cell)는 자궁상피와 직접 접촉하게 된다.

이때에 영양배엽은 급속도로 증식하며, 그 벽에는 주름이 생긴다. 내배엽이 출현하면, 배반포는 며칠 사이에 현저하게 신장하여 마치 수십 cm의 밧줄과 같은 관이 되며, 배낭은 이 관의 중심부에 있는 팽대부에 위치한다. 이 때쯤 되면, 자궁벽에도 깊은 주름이 생기며, 신장된 배반포의 외층(융모)은 자궁의 주름에 따라 자궁상피와 평행하게 위치하여 착상이 완료된다.

2) 소

소의 착상과정은 본질적으로 면양과 같으나, 면양보다는 늦게 이루어진다. 투명대는 배반포 초기의 8일 경에 소실되고, 그로부터 며칠 후(14일)에 배반포(10mm)가 신장하기 시작하여 18일에 160mm까지 신장한다. 임신 33일 경이 되면 융모가 2~4개의 자궁소구와 접촉을 시작한다. 그 후 며칠이 지나면 배반포와 모체조직 사이에 밀접한 접착이 일어나며, 배반포는 자궁소구를 통하여 영양을 섭취하게 되면 착상이 완료된다.

(4) 착상지연

자궁 내로 수송된 배는 유리된 상태로 성장을 계속하여 일정한 시기에 도달하면 착상한다. 자궁강 내에서 배가 유리된 상태로 머무는 기간은 생쥐와 guinea pig 3~35일, 토끼 5~6일, 소 20~30일, 면양 11~14일, 돼지 4~7일, 말 7주간으로 동물종에 따라 차이가 있다. 특히 노루, 밍크, 족제비, 곰 등의 배는 자연상태에서 장기간 휴면기를 거쳐 몇 주 또는 몇 개월 후에 착상하는 때가 있으며, 이것을 **자연적 착상지연(natural delayed implantation)**이라고 한다. 생쥐와 흰쥐의 분만전 발정과 교배로 생긴 수정란은 포유하고 있는 새끼의 수에 비례하여 며칠에서 2주일간 착상이 지연되는데, 이와 같은 경우를 **생리적 착상지연 (physiologic delayed implantation)**이라고 한다.

이와 같은 현상은 호르몬적 요인에 의하여 이루어진다. 즉 흰쥐는 교배 후 2일경에 난소를 제거하고 매일 progesterone을 투여하면 24시간 이내에 착상이 일어난다. 따라서 흰쥐의 경우는 교배 후 3일에서 4일 사이에 발정호르몬의 분비가 일어나는 것으로 보이며, 착상은 자궁내막에 대한 발정호르몬과 황체호르몬의 공동작용에 의하여 이루어지는 것 같다.

동물의 임신기간은 계절에 따라 다소의 차이가 있으며, 이는 영양에 의하여 태아의 발육속도가 다르거나, 분만시기가 영향을 받는데 그 원인이 있는 것으로 보인다. 그러나 말의 경우는 배반포가 자궁 내에서 일정기간의 휴지기를 거쳐 착상하게 되는데, 착상시기가 계절에 따라 차이가 있으므로 임신기간에 상당한 변이가 일어난다.

(5) 착상의 종 특이성

이종동물의 초기배를 교환하여 착상과정을 조사한 실험은 생쥐와 흰쥐 사이에서 비교적 상세하게 검토되었다. 생쥐자궁 내에 이식된 흰쥐 배는 착상 초기에 접착이 일어나지 않거나, 접착과정은 완료되나 탈락막 내에 침입하는 시기에 퇴화하여 사멸되는 것이 보통이다.

舘(1979) 등은 흰쥐 배를 생쥐자궁 내에 이식한 결과 이종착상배를 얻는데 성공하였으나(37/430), 자궁내막의 침입초기, 즉 상피세포의 기저막을 통과하는 시기에 급속히 퇴화되어 이식 후 72시간에서 96시간 사이에 모두 사멸하였다고 한다. 자원동물의 경우, 이종간에 초기배를 교환 이식하여 착상과 임신의 가부를 검토한 실험은 많지 않다. Warwick 와 Berry(1949)는 면양의 초기배를 산양자궁 내에 이식하여 45일령의 배까지 발육시켰으며, Lopyrin 등(1951)은 반복실험에서 분만기에 도달한 사망태자를 얻었다고 한다.

착상과정은 내분비학, 면역학 및 세포생리학과 관련된 복잡한 요인에 의하여 지배되므로 그 기전을 명확히 설명하기는 어려우나, 이종간 착상의 종 특이성은 두세포 표층의 종 특이성에 차이가 존재하기 때문인 것으로 추측된다.

Chapter 8
임신과 분만

1. 개의 번식과 생리

(1) 번식생리일반

개의 번식 적령기는 생후 약 10~12 개월 이후에 시작되며 개의 영양상태 나 여러 가지 질병요인 등에 의해서 번식적령기가 늦추어지거나 빨라지기도 한다. 어떤 개는 생후 14~15개월이 지나서야 비로소 발정을 나타내는 성성숙이 늦게 발달하는 개체도 있다. 이런 경우 발정증상이 분명하게 나타나면 아무런 문제가 없으나 발정증상이 미약할 경우에는 번식견으로는 적당하지 못하다. 그리고 생후 15개월 이상이 되어도 발정이 오지 않는 개는 생식기의 발육부전이라고 판단하여 번식견 으로는 사용치 않는 것이 바람직하다.

① 약 12주령이 되면 육성견은 호기심이 많고 성장이 매우 빠르고 사료섭취량이 많아지고, 달리기, 걷기, 기타 다른 행동에 있어서 효율적인 동작을 배우게 된다. 또한 이 시기에 이성에 대한 지각을 갖게 된다.

② 14~16주령에 이갈이가 시작되면서 사료를 먹는데 문제가 생길 수 있으며 6개월령 이 되면 젖니가 영구치로 완전히 대체된다. 이유시기와 비교시 성장기는 점진적인 변화가 일어나며 성숙기로의 전환시점은 성성숙 시점으로 간주한다.

③ 암캐의 첫 성성숙 징후는 9~11개월 사이에 나타나며 징후로는 생식기가 팽창되고 생식기를 핥거나 하고, 점액성의 분비물이 나타나고 암놈은 수놈을 접촉하려고 많은 노력을 한다.

④ 출혈기미는 보이지 않는데 이는 암놈이 생식기를 깨끗하게 핥아주어 혈흔을 남기지 않기 때문이다. 난소제거수술을 할 것인지 아닌지 아니면 암캐의 활동을 통제하기 위해 가두어 둘 것인지 (종부를 시키든 안시키든) 미리 결정할 사항이다. 수놈을 유인하는 암캐의 발정냄새(Pheromone)의 발산을 억제하는 물질들을 활용할 수 있다.

⑤ 암캐에 발정이 오면 화장실이나 안전한 우리에 가두거나 발정한 암캐를

다룰 수 있는 전문 개 기숙사로 보낼 수 있다. 암캐가 아무 잡개와 교미하여 새끼를 배는 것을 원치 않는다면 암놈은 어떠한 일이 있더라도 풀어놓지 말고 산책할 때 데리고 나가더라도 느슨하게 풀어 주어서는 안 된다.

⑥ 고도의 훈련을 받은 암캐라도 발정기 동안에는 수놈과의 접촉을 위해 주인에게 복종을 하지 않는다. 일부 개 주인은 수놈과의 관계차단과 집주위의 혈흔발생을 방지하기 위해 팬츠를 착용시킨다.

⑦ 만약 종부시키기를 원한다면 종부에 적합한 체구와 일령, 즉 첫배새끼가 태어날 때의 나이가 12개월 령이 될 수 있는 나이에 종부를 실시한다. 다수의 개 사육가들은 재발정 까지 기다렸다가 종부 시키도록 권장하고 있는데 이러한 권장은 확실한 근거에 의한 것이 아니다.

⑧ 일반적으로 큰 개 사육장에서는 암놈의 육체적 성장상태가 좋은 개는 첫 발정 때 종부를 시킨다. 그 후 발정시기에는 아무런 육체적, 물리적으로 스트레스가 없이 거르지 않고 계속 종부를 시킬 수 있다.

⑨ 새끼를 생산하고자 할 때에는 성질, 체형, 혈통, 건강 등을 고려하여 종모견과 종부견을 선발해야 하고 새끼를 효율적으로 키울 수 있는 시설의 확보 등에 관한 세부적인 계획의 수립이 요구된다.

⑩ 종부는 기본적으로 암놈이 수놈을 받아들이는 시기를 기준으로 한다. 이때가 바로 배란주기가 형성되는 시점으로 생식기관이 발달하여 배란이 되고 이를 수란 하여 수정하게 되면 자궁에 이르러 착상하게 된다.

⑪ 첫 종부 시 암캐는 여러 가지 반응을 보인다. 5~6주령 이전에 한배 새끼로부터 격리된 후, 종이에 배변 훈련을 시키면서 종부시까지 다른 개들에게 노출 시키지 않은 암캐는 흥미로운 반응을 나타낸다. 첫째, 많은 경우에 개들이 상대방 개가 같은 종족이라는 사실을 알지 못하며 설사 같은 개라는 것을 인식 한다고 하더라도 종부를 어떻게 하는지를 모른다.

⑫ 한배 새끼와의 사교화 기간 동안 어울려 노는 행동을 통하여 개들이

정상적인 성적 행위를 하는데 필요한 정보나 방법을 어떻게든 터득하게 된다. 종부하여 새끼를 낳았을 때 사교화에 대한 경험이 없는 모견은 지극히 부실한 어미가 된다.

⑬ 일반적으로 종부경험이 없는 수놈을 처음 종부하는 암놈과 종부를 시키지 않는 것은 암놈이 수놈을 받아들일 준비가 되지 않았을 때 종부를 시키면 수놈을 물거나 해를 끼칠 수 있는 행동을 하여 차후 수놈의 종부 활동에 좋지 않은 영향을 미칠 우려가 있기 때문 이다.

⑭ 일반적으로 처음 종부시키는 수놈은 경험이 많은 암놈과 종부시킨다. 모견은 종부 후 임신과 분만으로 이어지는 임신기간이 약 63일이다. 암캐에 있어서 분만은 일생을 통해 매우 중요한 육체적, 생리적인 변화이다. 임신기간 동안 모견의 체중은 임신 전 체중보다 약 15%정도 증가하게 된다.

⑮ 임신 초기 6주 동안 사료의 섭취량은 일반적으로 증가하지 않는데 이때까지는 태내에 축적되는 물질은 매우 소량이기 때문이다. 그러나 임신말기 3주 동안은 체중이 20% 정도 증가하며 임신기간 중 체중 증가율이 가장 높은 시기이다.

⑯ 임신기간이 정확하게 63일로 일정한 것은 아니다. 모견이 분만장소의 환경에 익숙해 질 수 있는 시간이 필요하기 때문에 모견을 분만예정 5일전에 따뜻하고 새끼를 낳기에 적합한 분만장소로 이동시켜 주어야 한다. 모견이 분만시간에 임박하게 되면 불안해하면서 머리를 엉덩이 쪽으로 돌리고 궁둥이를 핥거나 엉덩이를 바라본다.

⑰ 분만 12~18시간 전의 모견 직장 온도는 약 1℃ 정도 떨어진다. 분만 후 모견이 어린 강아지를 깨끗하게 핥아주는데 이는 어린 강아지의 혈액순환을 자극한다.

⑱ 또한 어미의 체온이나 주위의 보온으로 새끼들의 체온을 따뜻하게 해줌으로써 분만직후 24℃~26.5℃ 정도로 떨어진 강아지 체온은 정상적인

체온인 38～40℃ 로 회복된다.

⑲ 정상적인 모견은 새끼를 잘 돌보므로 젖이 충분하고 새끼를 잘 돌보는 것 같으면 가능한 한 방해하지 말고 내버려두는 것이 좋다. 강아지의 상태는 느낌으로 알 수 있고 보다 좋은 강아지 상태파악 방법은 체중 및 증체량을 지속적으로 측정하여 강아지의 상태를 관찰하는 것이다.

⑳ 어린 강아지들이 활기 있고 견실하게 증체가 된다면 그 강아지들은 아무런 문제가 없을 것이다. 그러나 어린 강아지가 늘어지거나 활력이 없다고 판단이 될 때는 즉시 조치를 취해주어야 한다. 어린 강아지가 추위를 느껴 사료나 모유를 충분히 먹지 못할 때 보온 등이나 보온패드를 이용하여 보온을 해주면 쉽게 해결된다.

(2) 발정주기

암캐의 발정주기는 빠른 것은 6 ~ 7개월령에 초회 발정하지만 8 ~ 9개월령에 초회 발정하는 것이 일반적이며 드물게는 10 ~ 12 개월이 되어야 초발정이 이루어지는 품종도 있다. 소형품종일수록 발정주기가 짧으며 그레이하운드와 같은 대형품종은 1년에 1회 발정을 한다. 일반적으로 개는 1년에 2회 발정이 오는 것이 아니라 8개월 정도에 1회 즉 2년에 3회 발정이 온다고 보면 될 것이다. 그리고 개는 계절마다 발정이 오는 것이 아니라 일정한 주기를 가지고 반복해서 오기 때문에 주인이 자신의 개의 발정주기가 몇 개월인가를 알아두는 것도 좋은 방법이 될 것이다.

수캐는 일정한 발정기가 없고 발정기의 암컷이 주위에 있으면 그 냄새에 유인된다. 개의 이성에의 접촉은 전적으로 이 냄새 의하는 것이다. 여우나 고양이, 혹은 사슴이 울음소리에 의해 이성을 찾는 방법과는 전혀 다르다. 상대의 선택권은 전적으로 암컷에게 있지만 그 기준도 종잡을 수가 없다. 이는 보기에 좋견으로서 우수한 수컷을 피하고 별로 우수하지 않은 수컷과 쌍을 이루는 경우도 많기 때문이다. 또한 암컷이 바닥에 앉아 버리면 아무리 힘센 수컷이라도 어쩔 수가 없다.

1) 발정전기

발정은 보통 늦봄과 가을에 많이 나타나며 발정은 점진적이고 3 ~ 12 일의 긴 발정전기가 있으며, 이 시기에는 음부는 부어있고 굳어있는 것처럼 보이며 자궁으로부터 피와 같은 분비물이 배출된다. 개가 발정전기에 이르게 되면 식욕이 증가하게 되고 털빛에 윤기가 흐르게 된다. 그리고 평소보다 불안해하며 자주 음부를 핥으며 매우 신경질적으로 된다. 또한 오줌의 횟수가 많아진다.

2) 발정기

암캐가 수캐를 허용하는 기간은 평균 4 ~ 12일간 계속되며 대체로 4 ~ 5일 동안 지속되는데 이 시기를 발정기라 한다. 발정기를 알 수 있는 주요 증상은 자궁에서 분비되던 피와 같은 붉은 분비물이 점차 엷어져 분홍빛이 되고 발정극기에 가서는 분홍색이 거의 없어지고 소량의 무색투명한 액체로 되며 음부는 점차 정상크기로 되돌아간다. 또 이시기에 암캐의 음부 주위를 손으로 자극하면 꼬리가 옆으로 돌아가 수캐가 교미하기에 편리한 자세를 취한다. 이 시기는 대체로 발정이 시작된 지 약 10 ~ 14일 정도 지나서 나타나며 이 때 교미를 시키는 것이 가장 적당하다. 그리고 배란은 발정기의 개시 후 1 ~ 3일에 일어나며 대부분의 난포가 배란을 끝낼 때까지는 대략 12 ~ 72 시간이 걸린다고 한다. 이렇게 출혈이 있는 시기에 집안에서 기르는 개들은 기저귀나 위생팬티를 해주는 것이 위생적이다. 또한 발정이 시작되면 DHPPL 등의 백신과 구충을 해줌으로써 태어날 새끼들에게 모체이행항체가를 높이는 것이 중요하다.

3)일자별로본발정양상

① 1~4일 선명한 붉은 출혈이 있으며 외음부는 충혈 되어 부풀어 오르기 시작한다.

② 4~10일 검붉은 색상의 출혈이 증가되면서 외음부는 가장 크게 부풀어 오르며 수캐에 대한 관심을 나타내기 시작한다.

③ 10~11일 배란기에 해당되는 시기로서 출혈량이 감소되어 핑크색의 투명한 분비액으로 되며 외음부 역시 위축되며 수캐를 받아들일 태세를 적극적으로 나타낸다.

④ 11~14일 교배적기로사 11일-12일에 1차 교배, 13일-14일 정도에 2차 교배를 하는 것이 제일 수정율이 높다.

⑤ 15~16일 외음부는 수축하여 작아져 평소의 상태로 돌아간다. 분비액이 급격히 감소하며 수캐를 싫어하며 다가오지 못하게 함으로서 발정주기가 끝이 난다.

4)발정기동안의여러가지소견

일수: 국부의 상태/ 출혈과 혈액의 상태/ 수캐에 대한 관심도

① 1일: 크게 충혈 되어 부풀어 오른다 출혈이 시작 된다

② 3일: 출혈량이 증가, 빛깔이 짙어진다.

③ 7일: 가장 크게 부풀어 오른다 출혈량이 많고, 빛깔이 더욱 짙어진다. 수캐에게 대단한 관심을 나타낸다.

④ 10일: 출혈량이 감소되어 핑크색의 투명한 분비액으로 된다. 수캐를 받아들일 태세를 적극적으로 나타낸다.

⑤ 16일: 점차 수축하여 작아진다. -> 평소의 상태로 돌아간다. 분비액이 급격히 감소하기 시작한다. 수캐를 싫어하며 다가오지 못하게 한다.

진돗개 황구의 교미

개의 분만 과정

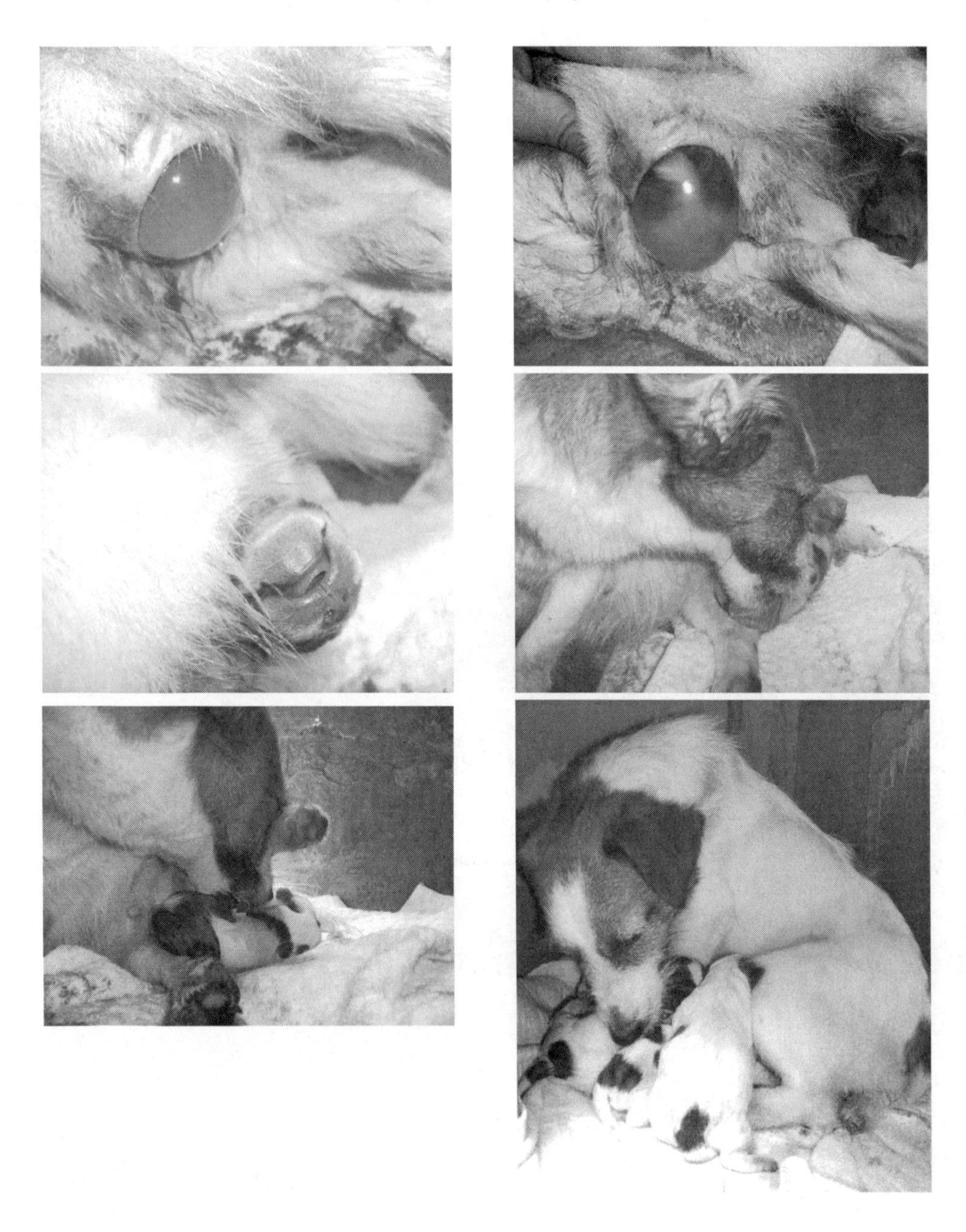

분만 후 포유 모습

개의 분만 과정 2

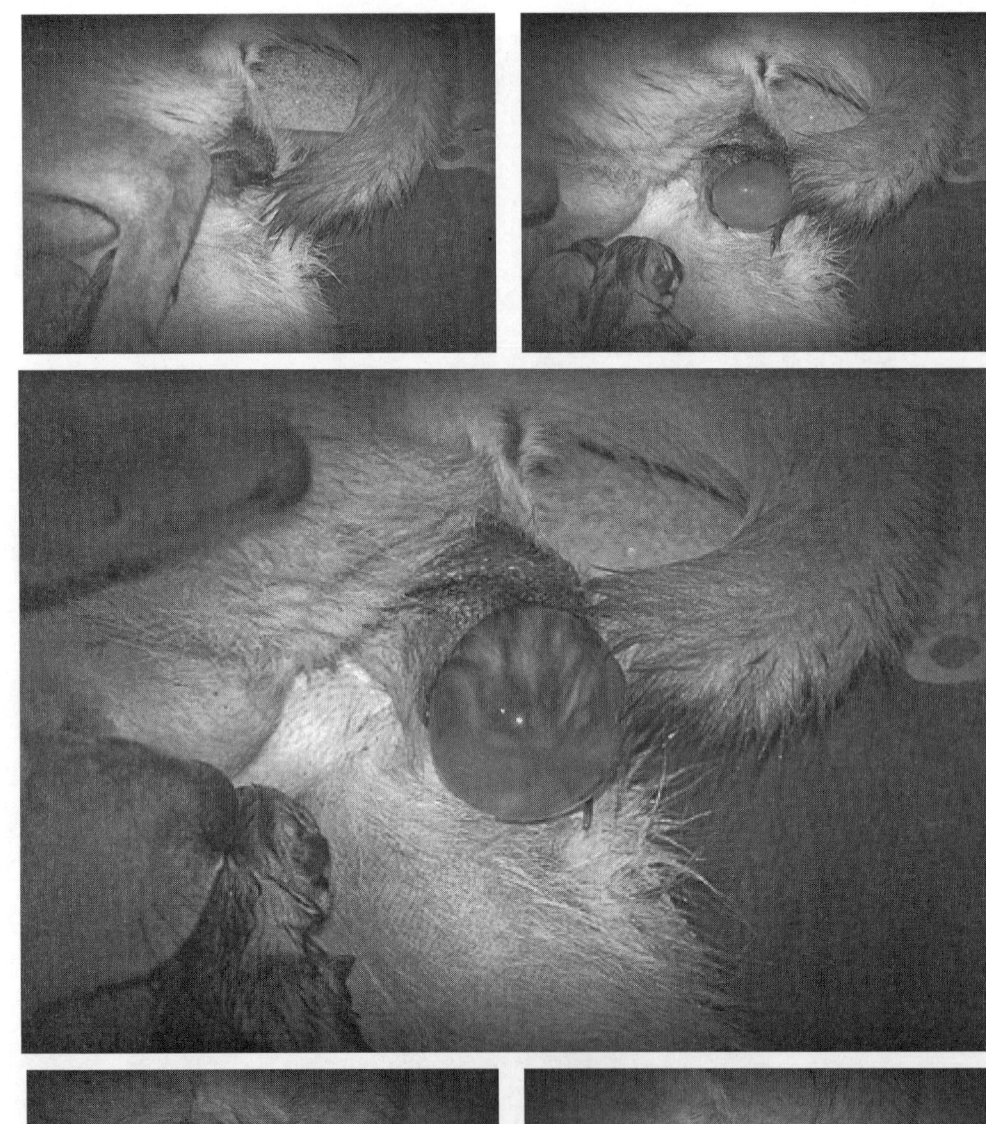

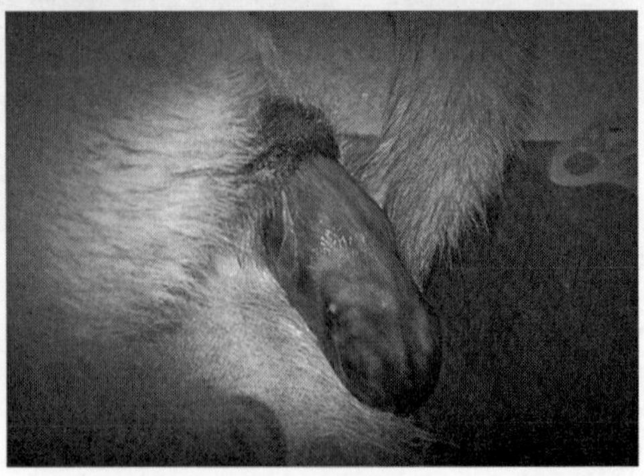

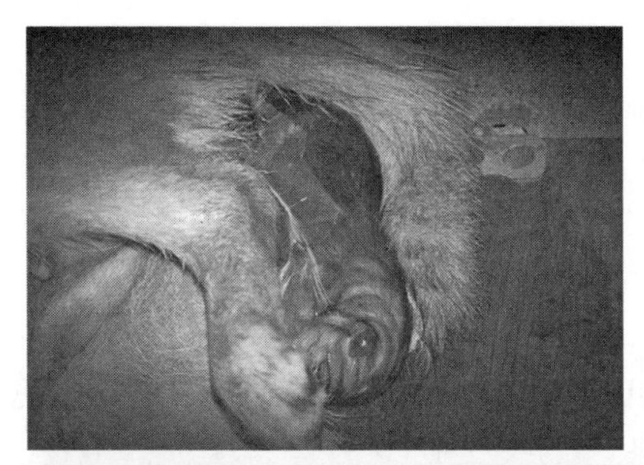

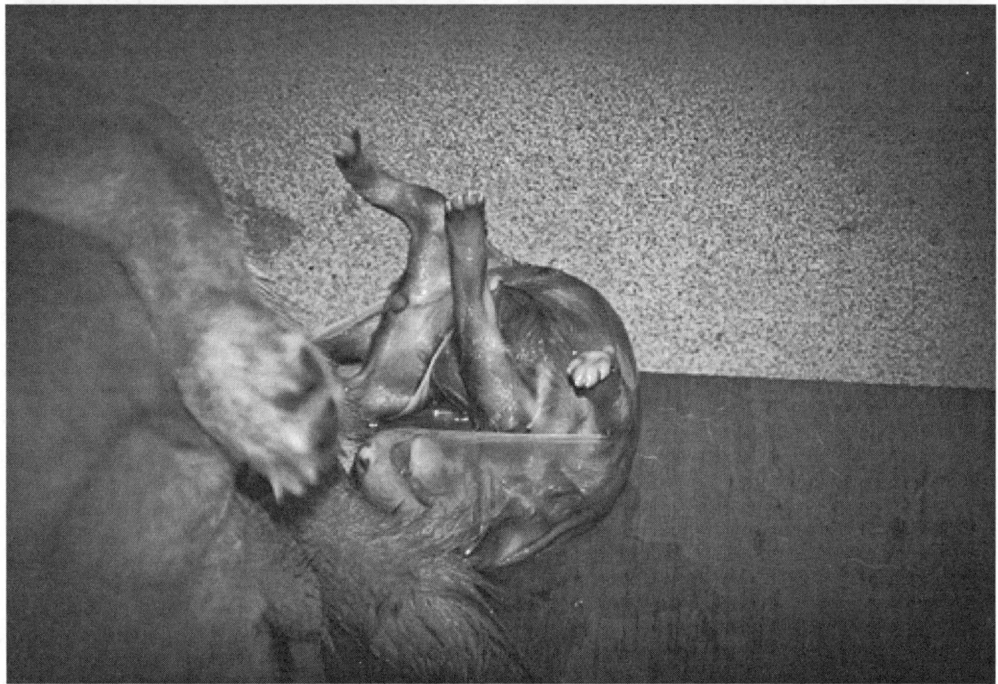

2. 고양이의 번식 생리

(1)고양이의발정

1)발정의특성

대부분의 고양이는 생후 7~11개월 사이에 첫 발정을 맞이한다. 또한 장모종이 단모종 보다 좀 더 일찍 발정이 온다.

개는 일 년에 2번 정도 발정이 오지만 고양이는 1년에 여러 번 (5번 정도)의 발정이 온다. 여러 번의 발정기 중에서 비교적 심한 발정은 이른 봄과 가을이다. 그래서 고양이를 '다발정' 동물이라고 한다.

고양이는 발정기에 교배하지 않으면 임신이 될 때까지 계속해서 발정이 온다. 발정기에 수고양이 교배를 해도 약 일주일 정도는 발정이 더 지속된다. 물론 교배를 하지 않았더라면 발정이 더 지속이 된다. 고양이는 교미를 하면 그 자극으로 배란하는 동물로, 거의 확실히 임신을 하게 된다. 발정한 암고양이는 페로몬이라는 성호르몬을 분비하며 그 냄새를 맡은 숫고양이 발정이 일어난다. 암고양이의 냄새는 아주 먼 곳까지 퍼져 먼 곳에 있는 숫고양이를 자극하여 발정을 일으킨다.

①발정기때의행동

암고양이가 발정이 오면 마룻바닥 등에 몸을 문지르고 끊임없이 울부짖어 수컷을 부른다. 또한 대소변을 종종 잘못가리는 경우도 있다.

숫고양이 발정이 오면 일종의 '**스프레이**'행동으로, 수직으로 서 있는 물건 즉, 커튼, 벽 그리고 의자에 등을 대고 아주 역한 냄새의 소변을 뿌린다. 이러한 행동은 암컷을 유혹하면 자신의 영역을 표시하는 의미이다. 또한 자꾸 밖으로 나가려 하며 내보내주면 다른 숫고양이 싸움을 하며 때로는 삼한 상처를 입는 경우도 있다.

②고양이의교배

첫 발정은 생후 6개월경에 오지만 신체기관이 완전히 성숙하는 생후 1년경에 교배를 시키는 것이 적당하다.

발정기가 시작되기 전에 동물 병원에서 기생충 구제와 예방 접종이 필요하다. 어미의 기생충은 태아에게 감염될 수 있으므로 건강한 새끼를 얻기 위해선 필수적이다. 또한 피부검사를 하여 건강상태를 확인하여야 한다. 발정징후가 나타난다면 암수고양이를 서로 사이가 원만해 질 때까지 4-5일 정도 합방을 시킨다. 만일 교배가 되지 않았다 하더라도 데리고 와서 다음 기회를 기다리는 것이 좋다.

2)고양이번식특징

고양이는 생후 6~10개월이면 새끼를 낳을 수 있다. 일반적으로 봄과 가을에 발정하나 일년에 보통 다섯 번 정도 발정한다. 교미하기까지 21일마다 주기적으로 발정한다. 임신 기간은 보통 60~69일이 며 새끼는 한배에 2~8마리를 낳는다. 갓 태어난 새끼는 움직일 수 없고, 보고 들을 수도 없다. 고양이는 까다롭고 예민한 동물이어서 사람들이 보는데서 모처럼 교배를 하지 않는다. 그렇기 때문에 암컷의 발정이 오면 약 5일 동안 수컷과 합방을 시켜 자연 교배가 되도록 해준다. 고양이는 번식력이 아주 강하기 때문에 난소나 자궁을 제거해 주는 피임 수술을 해주는 것이 좋다.

3)교배후관리하기

교배에서 집으로 돌아온 고양이는 피곤한 상태이기 때문에 건사료와 캔사료를 주어 충분한 영양섭취를 해주며 휴식이 필요하다.

수정란이 착상하는 것은 임신 후 약 2주정도 걸린다. 이때는 최대한 안정을 취해주어야 하며 위에 탈이 나지 않도록 조심하고 목욕도 시키지 않는 것이 좋다.

고양이의 임신 기간은 약 60-63일이다. 교배 후 45일이 지나면 건강 상담과 출산에 대한 정보를 알아 두는 것이 필요하다. 고양이를 잘 돌보는 병원에서 상담을 하도록 한다. 보통 교배 후 약 3주가 지나면 털의 윤기가 좋아지고 식욕도 왕성하게 된다. 또, 젖 주위의 털이 조금씩 없어지며, 젖꼭지가 분홍색으로 변해간다. 교배 후 4-5주 정도가 되면 체중이 증가하고 배가 불러온다.

임신 중에는 평소의 2배 에너지가 필요하므로 사료 양과 횟수를 늘려서 주어야 한다. 고양이 체중의 약 4%정도의 사료를 3~4회 나누어서 준다. 또한 단백질과 칼슘을 많이 공급해 주어 태아가 튼튼히 자랄 수 있도록 해준다.

분만 예정일 일주일 전에 미리 조용하고 고양이가 편히 쉴 수 있는 곳에 분만 상자를 놓아두도록 한다. 처음부터 분만 상자에 들어가지 않지만 새끼를 낳을 수 있는 장소라고 판단되면 고양이가 안으로 들어가 잠을 자게 된다. 분만 상자는 시판되는 애견용 방석을 구입해서 이용해도 좋고 골판지 상자를 이용하여 직접 만들 수도 있다. 크기는 어미 고양이가 다리를 펴도 충분한 넓이가 될 수 있는 정도면 적당하다. 분만 상자에 신문지를 두툼하게 펴놓아 어미의 후산으로 인해 분만실이 지저분함을 막아 주는 것이 좋다. 어미고양이의 부담을 줄여주기 위해서도 용변용 화장실이나 신선한 물을 분만 상자 근처로 옮겨 주도록 한다.

4)고양이분만

고양이의 분만은 주로 밤에 이루어지며 분만 당일은 진통이 시작되므로 밥을 먹지 않고 자리를 발로 긁는 등의 분만증상이 보인다. 또한 화장실 구석이나 책상 아래를 평소와는 다른 태도로 탐색하게 되었다면 분만의 장소를 찾는다는 증거이다.

분만예정일 전후가 되면 고양이의 상태를 주의 깊게 관찰해야 한다. 만약, 다른 장소에서 분만을 하여도 당황하지 말고 침착하게 분만 상자 안으로 넣어 주어야 한다. 고양이의 본래 성격은 분만할 때에 사람이 옆에 있는 것을 싫어하지만 반대의 경우도 있으니 어느 쪽인가를 판단을 하여야 한다. 옆에 있기를 원한다 하더라도 분만자체에는 손을 대지 말고 지켜보기만 해야 한다. 대부분의 고양이는 스스로 새끼를 낳지만 첫 발정에 임신이 되었거나 임신후기에 운동 부족으로 출산에 어려움을 겪는 경우가 있다. 첫 분만이라면 진통이 시작되어도 분만까지 10시간이상 걸리는 경우도 있다.

분만과정은

① 1단계 - 양수가 터진다.

② 2단계 - 1단계 후 1-2시간 내에 진통이 심해지며 첫 번째 새끼가 태막에 싸인 채 나온다.

③ 3단계 - 어미가 태막을 찢고 새끼를 핥아주며 탯줄을 깨물어 끊는다.
④ 4단계 - 가벼운 진통 후 후산을 한다.

5)출산후유의점

새끼가 다 태어나면 어미 고양이는 옆으로 누워, 새끼들이 자연스레 젖을 빨게 된다. 그리고 어미에게 몸조리용으로 고기 위주로 먹이를 준다면 침을 흘리며 경련을 하는 산후마비 증상이 올 수 있다. 고양이용 사료를 충분히 먹이며 필요하다면 칼슘영양제를 먹이는 것이 좋다.

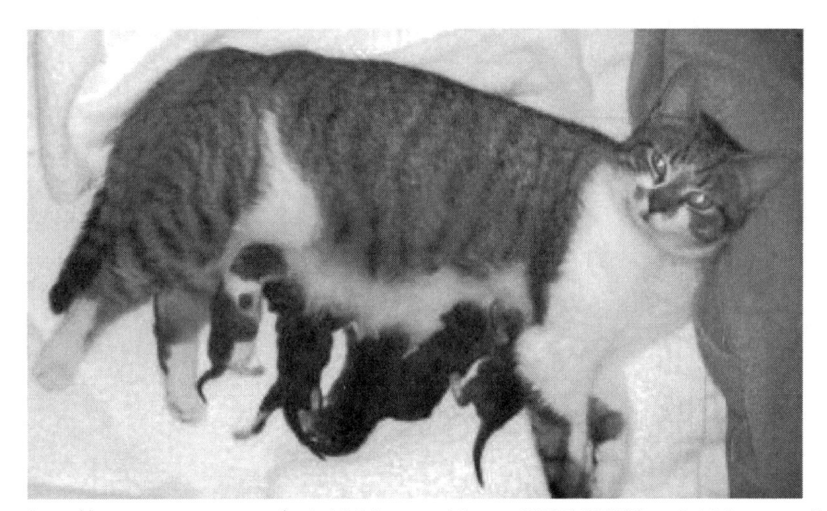

http://www.catsguru.com/cat-birthing-problems-%E2%80%93-cat-birth-complications

Chapter 9
비 유 생 리

비 유 생 리

포유동물만의 특징인 생리현상으로 **비유(lactation)**는 분만(parturition)에 뒤이어 일어나는 번식현상 중의 하나이다. 또한 비유란 자손을 육성하기 위해 유방의 유선(mammary gland)에서 유즙(milk)을 생성하여 분비하는 것을 말한다.

유선은 암, 수 모두 가지고 있으나 기능을 발휘하는 것은 암컷의 유선이며, 수컷은 발달되지 않은 상태로 존재한다.

1. 유방과 유선의 기본구조

유선의 수는 동물종에 따라 다르게 나타나며, 산자수가 적은 포유동물의 경우, 인간, 말, 산양 등은 1쌍, 소는 2쌍, 산자수가 많은 개, 고양이, 돼지, 토끼 등의 경우는 4~9쌍의 유선을 목측정중선의 양쪽에 좌우대칭으로 가지고 있다.

(1) 유 방

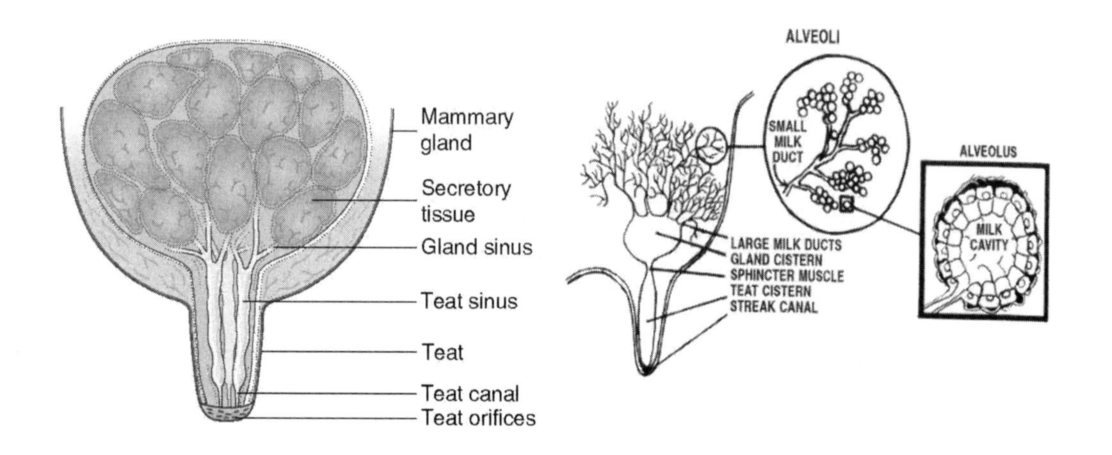

http://medical-dictionary.thefreedictionary.com/mammary+gland

1) 유선과 유구

유선은 젖을 분비하는 분비샘으로 외배엽에서 유래된 피부선이 변화한 것으로, 유선에는 유두가 존재한다. 유선은 혈액으로부터 영양소를 공급받아 유즙인 젖을 합성하여 분비한다.

포유동물의 유선 위치 및 유선 수

동물명	유선의 수			총 유선의 수	유두공의 수 / 유선
	가슴	복부	서혜부		
젖소	-	-	4	4	1
염소	-	-	2	2	1
양	-	-	2	2	1
말	-	-	2	2	2
돼지	4	6	2	12	2
사람	2	-	-	2	15~20
들쥐	4	4	4	12	1
생쥐	4	2	4	10	1
토끼	4	4	2	10	8~10
기니픽	-	-	2	2	1
코끼리	2	-	-	2	10
고래	-	-	2	2	1

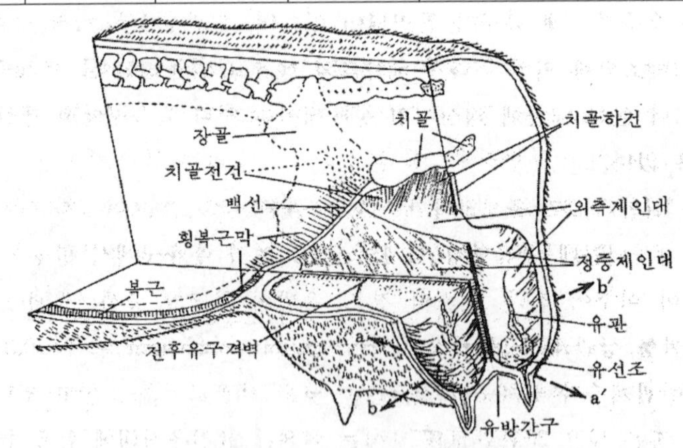

유방을 지지하는 인대와 피막의 구조를 나타내는 모식도(和田, 1975)

주 : 유방이 a나 b방향으로 흔들릴 때에는 유방·주변부의 인대에 의하여 a′와 b′방향으로 잡아당겨지기 때문에 유방의 심한 유동이 억제된다.

젖소-홀스타인의 유방구조

2) 유방의 혈관계

일반적으로 젖소의 경우 1일 20kg의 우유를 생상하기 위해서는 약 9,000kg의 혈액이 순환되어야 하기 때문에 혈관계의 발달은 우유생산과 밀접한 관계를 갖는다.

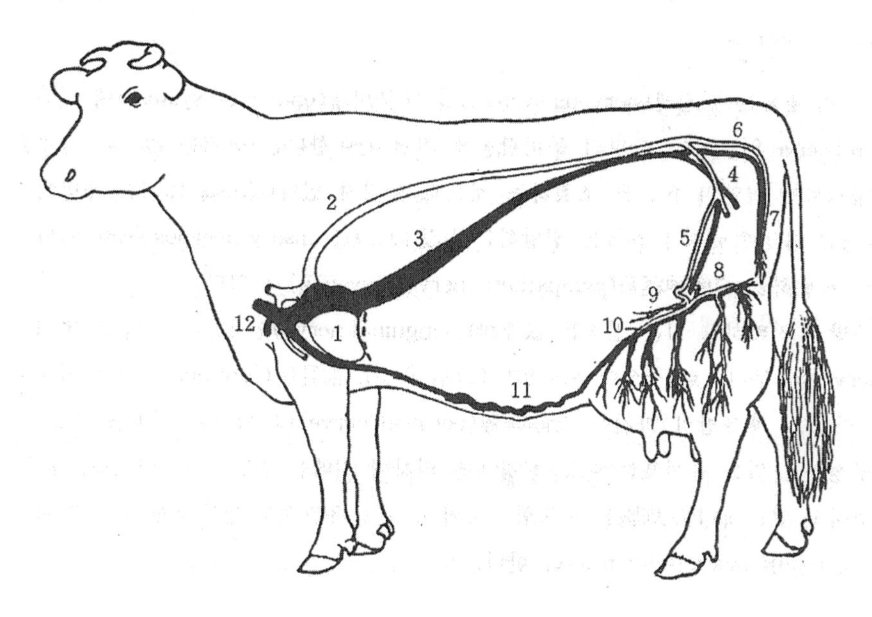

젖소 유방의 동맥계(흰선)와 정맥계(검은선)

1 : 심장 2 : 복대동맥 3 : 후대정맥 4 : 외장골 동맥과 정맥 5 : 외음동맥과 정맥 6 : 내장골동맥과 정맥 7 : 회음동맥과 정맥 8 : 외음동맥과 정맥의 만곡 9 : 복피하정맥 10 : 복피하동맥 11 : 전유선동맥 12 : 후유선동맥 13 : 내흉동맥과 정맥 14 : 전대정맥 15 : 횡격막

우유를 생산하기위한 혈액으로부터 유선세포에 공급받는 유즙성분의 전구물질(precursor) 은 다음과 같다.

반추동물의 유즙 성분과 혈액 중 전구물질

유즙성분	혈 액	유즙성분	혈액
수 분	수 분	지 방	
유 당	포도당	지 방 산	아세테이트, β-하이드록낙산, 혈중지방
단 백 질			
케 이 신	아미노산	글리세롤	포도당, 트리글리세라이드
β-락토글로불린	아미노산		글리세롤
α-락트알부민	아미노산	광 물 질	광물질
유청알부민	혈청알부민	비 타 민	비타민
면역글로불린	면역글로불린		

3) 유방의 림프계

림프계(lymphatic system)는 조직액(tissue fluid)으로부터 물질을 받아내어 혈액으로 돌려보내는 기능을 한다. 또한, 림프절은 면역기능을 담당하며 부만 직후 및 분만초기에는 한쪽 유방에 시간당 1ℓ가 넘는 림프액이 흐른다.

4) 유방의 신경계

유방의 신경섬유는 유방내 혈관의 수축과 이완을 유도함으로써 간접적으로 유생산에 영향을 미친다.

신경계에는 지각신경섬유와 운동신경섬유가 있다. 지각신경섬유는 유방으로부터의 자극을 시상하부에 전달하며, 운동신경섬유는 외부자극을 시상하부로부터 유방에 전달한다.

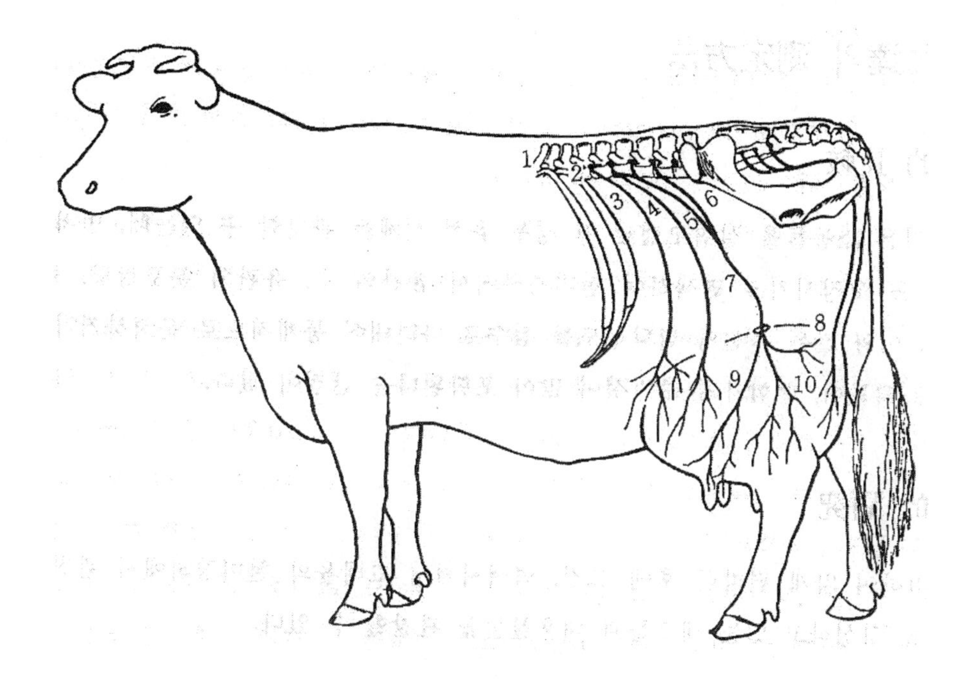

젖소 유방의 신경분포도(Schmidt, 1971)

1 : 제1요신경 2 : 제2요신경 3 : 서경신경 4 : 회음신경
L1 : 제1요추 L6 : 제6요추 S : 천골

2. 유선의 발육과 호르몬

일반적으로 유선발육에 관여하는 호르몬은 번식에 관여하는 호르몬과 일치한다.

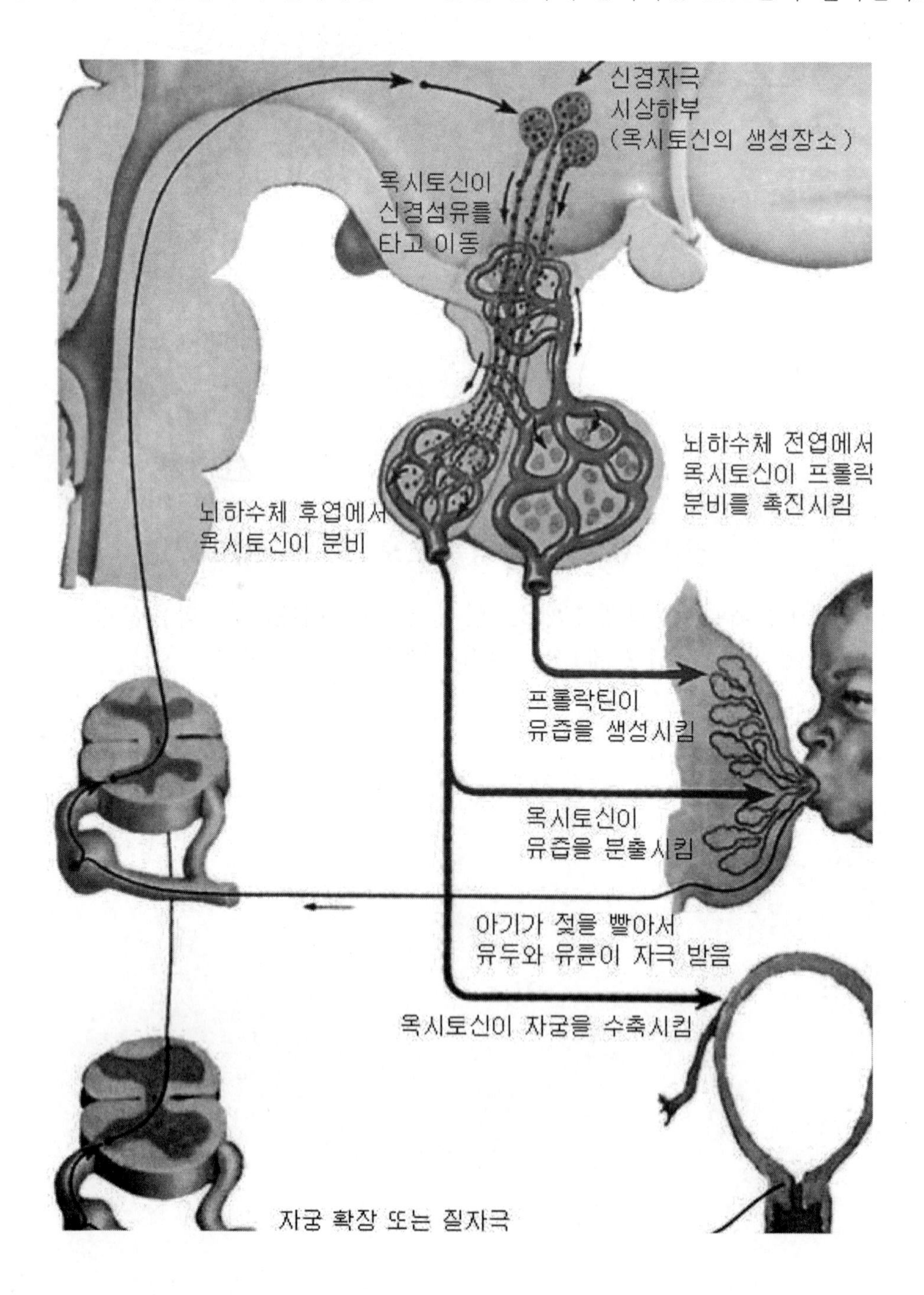

(1) 뇌하수체

○ 유선의 정상적인 발육을 위해서는 뇌하수체 전엽에서 분비되는 성장호르몬, 부신피질자극호르몬, 프로락틴이 유선발달에 중요한 역할 담당한다.

1) 난포호르몬

○ 에스트로겐은 유선발육을 촉진한다.

○ 완전한 유선발육을 위해서는 에스트로겐과 프로게스테론이 필요하다.

2) 황체호르몬

○ 프로게스테론의 주된 작용은 유선포계의 발육을 촉진한다.

3) 기타 호르몬

○ 부신피질호르몬, 췌장호르몬은 직, 간접적으로 유선발육에 관계한다.

(2) 태반호르몬

○ **태반성락토겐**의 분비량 증가는 임신기간 중 유선 발달을 자극하며, 유선포계의 증식기와 일치한다.

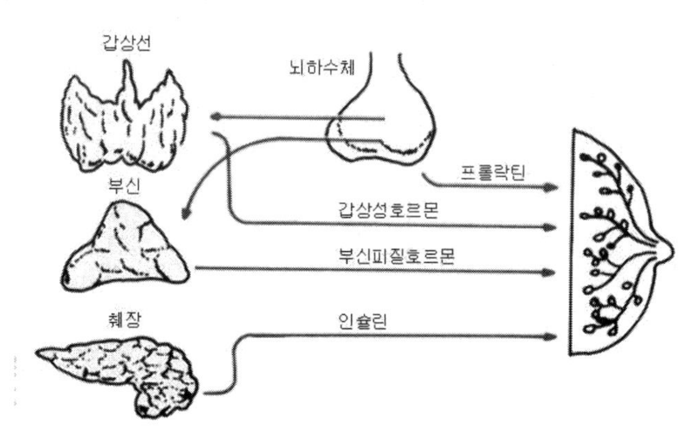

유선발달과 호른몬의 모식도

3. 비유의 개시와 유지

(1) 분만 전후의 분비기능

1) 임신 중기

ㅇ 유선포내에 분비액이 충만해지고 유방이 점차 불어난다.
ㅇ 액체는 단백질이 주성분으로 점착성이 높다.

2) 비유개시와 신경

ㅇ 분만시 자궁경에 가해진 자극은 -> 중추신경계 -> 시상하부 -> 뇌하수체 순으로 전달된다.

3) 비유개시와 내분비

ㅇ 프로게스테론: 임신중 유즙분비 억제한다.
ㅇ 에스트로겐 혈중농도 증가 -> 유두의 자극에 대한 감수성 증가 ->유즙분비를 자극한다.
ㅇ 근상피세포의 옥시토신 감수성 증가한다.
ㅇ 프로락틴, 부신피질자극호르몬, 부신피질호르몬 -> 유선분비상피세포 활성 증가한다.

(2) 비유의 유지

1) 비유유지와 신경자극

○ 자극 -> 프로락틴, 부신피질자극호르몬, 옥시토신, 바소프레신 방출을 촉진한다.
○ 자극 -> 프로락틴 억제물질 (prolactin inhibiting factor) 분비를 억제한다.
○ 자극 -> 시상하부 -> 뇌하수체 -> 비유유지

2) 비유유지에 필요한 호르몬

① 뇌하수체전엽호르몬
○ 뇌하수체를 제거하면 비유가 중지된다.
○ 프로락틴과 부신피질자극호르몬은 비유에 필수적인 호르몬이다.

② 부신피질호르몬
○ 부신제거시 비유가 감소한다.
○ 부신에서 분비되는 스테로이드 호르몬과 전해질이 단백질과 탄수화물의 대사에 관여한다.

③ 갑상선호르몬
○ 갑상선을 제거하면 비유는 감소하여도 비유는 지속된다.
○ 티록신이나 티로프로테인을 급여하면 유지율이 증가한다.

④ 부갑상선호르몬
○ 부갑상선에서 분비되는 파라트르몬은 혈액 중의 칼슘농도를 유지하는 작용을 한다.
○ 우유에는 칼슘함량이 높아서 간접적인 영향은 있다.

⑤ 췌장호르몬

- 인슐린은 당의 대사에 관여하므로 간접적으로 유량에 영향을 미친다.
- 인슐린 투여는 혈당을 저하시켜 유량을 감소시킨다.
- 인슐린 투여는 지방의 합성을 촉진시킨다.

4. 유즙의 생합성

(1) 혈장과 우유의 성분비교

반추동물의 유즙성분과 혈액 중 전구물질

유즙성분	혈 액	유증성분	혈액
수 분	수 분	지 방	
유 당	포도당	지 방 산	아세테이트, β-하이드록낙산, 혈중지방
단 백 질			
케 이 신	아미노산	글리세롤	포도당, 트리글리세라이드 글리세롤
β-락토글로불린	아미노산		
α-락트알부민	아미노산	광 물 질	광물질
유청알부민	혈청알부민	비 타 민	비타민
면역글로불린	면역글로불린		

각종 동물의 유즙성분 비교표

동물종		지방(%)	단백질(%)	유당(%)	회분(%)	전고형분(%)
소	개	8.3	9.5	3.7	1.20	20.7
	에어셔	4.1	3.6	4.7	0.70	13.1
	건지	5.0	3.8	4.9	0.70	14.4
	저어지	5.5	3.9	4.9	0.70	15.0
	견봉우	4.9	3.9	5.1	0.80	14.7
	브라운스위스	4.0	3.6	5.0	0.70	13.3
	홀스타인 상유	3.5	3.1	4.9	0.70	12.2
	초유	6.7	14.0	2.7	1.11	23.9
토끼		12.2	10.4	1.8	2.00	26.4
말	상유	1.6	2.7	6.1	0.51	11.0
	초유	0.7	19.1	4.6	7.72	11.3
캥거루		2.1	6.2	흔적	1.20	9.5
고래		34.8	13.6	1.8	1.60	51.2
물소		10.4	5.9	4.3	0.80	21.5
코끼리		15.1	4.9	3.4	0.76	26.9
순록		22.5	10.3	2.5	1.40	36.7
고양이		10.9	11.1	3.4	-	-
인간		4.5	1.1	6.8	0.20	12.6
면양		5.3	5.5	4.6	0.90	16.3
돼지	상유	8.2	5.8	4.8	0.63	19.9
	초유	5.8	10.6	3.4	0.73	20.5
북극곰		1.0	10.2	0.5	1.20	42.9
모르모트		3.9	8.1	3.0	0.82	15.8
염소		3.5	9.1	4.6	0.79	12.0
들소		31.0	10.2	0.5	1.20	42.9
흰쥐		14.8	11.3	2.9	1.50	31.7

2. 유즙성분의 생합성

(1) 유지방

- ㅇ 유지방은 중성지방인 트리글리세라이드로 되어있다.
- ㅇ 반추동물의 유지방은 단쇄지방(short chain fatty acid)의 비율이 단위동물에 비해 높다.
- ㅇ 반추동물의 유지방은 불포화지방의 함량이 낮다.

(2) 유 당

- ㅇ 2당류로: 글루코오스와 갈락토오스로 구성되어있다.
- ㅇ 유방에 들어간 포도당의 50%가 유당합성에 이용된다.
- ㅇ 유당은 우유의 삼투압을 조절하는 주성분이다.
- ㅇ 젖은 어린동물이 생존하는데 필요한 면역성분과 영양소를 공급한다.

  - 초유에 존재하는 면역글로블린은 소장벽을 통해 흡수되어 면역기능을 수행한다.
  - 초유는 대략 분만 2-3일 까지 나온다.
  - 유생산은 분만 후 증가하여 정점에 이르고 점차 감소한다.
  - 이유전 어린동물의 성장은 유생산량에 영향을 받는다.

- ㅇ 어린가축이 성장함에 따라 유생산량은 감소한다.
  - 가축이 성장함에 따라 흡유빈도가 감소하게 되고, 이에 따라 유선내 압력이 증가하고, 압력의 증가는 젖의 합성을 감소시킨다.

- ㅇ 젖에는 호르몬과 성장인자가 함유되어 있다.
  - 혈액에 존재하는 호르몬과 성장인자가 젖으로 이행된다.
  - 알코올, 약물, 항생제 등도 혈액을 통하여 젖으로 이행된다.

Chapter 10
번식의 인위적 지배

번식의 인위적 지배

소, 돼지, 닭 등 자원동물에 있어서 자연 상태에 있는 동물의 번식기능을 인위적 수단에 의해서 생리적인 한계를 넘어 그 생산성 향상을 목적으로 하는 것은 자원동물영역에 있어서만 허용되는 독자적인 기술영역이라고 말할 수 있다.

이 면에서는 인공수정의 기술이 가장 빨리 개발되어 동결정액의 응용에까지 발전한 것은 앞 장에서 서술한 대로이지만, 근년 인공수정기술의 진보와 함께 성주기, 발정의 동기화, 수정란·배의 이식 등의 연구가 진전되어 이들에 관한 새로운 기술이 발달되어 가고 있기 때문에 이들을 응용한 기초적인 이론을 서술하고자 한다.

1. 계절 외 번식

계절번식동물인 말, 면양, 산양을 生외의 시기에 임신시킬 수 있다면 분만간격이 단축되어 생산성을 높일 수 있다. 이것에는 일조시간의 인위적 조절과 호르몬 처리에 의한 발정 배란을 유기하는 방법이 있다.

(1) 광선조절에 의한 방법

북반구에서 말은 4~7월이 번식계절이지만 난소가 휴지상태에 있는 12~2월의 사이에 매일 밤 일정시간 점등을 행하면 무처리에 비해 2개월 이상 더 빨리 난소의 활동이 시작되어 발정, 배란이 일어나며 임신이 가능하게 된다. 또한 번식계절이 끝나는 7~8월에 이 처치를 행하면 번식계절이 연장하는 것도 알려져 있다

한편 면·산양에서는 9~11월이 번식계절이지만, 봄부터 여름에 걸쳐서 매일 암실에 넣어서 일조시간을 인위적으로 단축하면 5~6월에 발정이 나타나 보통보다 4~5개월이나 빨리 임신, 분만시키는 것이 가능한 것으로 알려져 있다.

(2) 호르몬 처리에 의한 방법

비 번식계절의 면양에 PMS를 주사하면 배란이 유기되지만, 이 경우 대부분은 발정징후를 동반하지 않는 것이 알려져 있다. 그러나 progesterone 25~50㎎을 며칠간 주사한 뒤 1~2일 후에 PMS 500~700M을 주사하면 1~5일 후에 발정, 배란이 일어나고 수태하기 때문에 연 2회의 출산도 가능하다. 단, 포유 중의 양에서는 발정유기율은 낮다.

말에서는 비 번식계절에 PMS를 투여해서 발정, 배란을 유기할 수는 없다. 그러나 합성 estrogen의 diethylstilbestrol 5~10㎎을 황체기에 10~20일간 연속주사하면 2~4개월 사이 난포의 발육이 억제되지만 비 번식계절에 들어간 난소가 재활되어 발정배란이 일어나고 번식이 가능한 것으로 알려져 있다. 이것은 estrogen의 장기투여에 의해 억제된 뇌하수체기능이 투여 종료 후에 반동적으로 평상시 보다 항진해 생식선기능이 일시적으로 왕성해지는 소위 **반발현상**(rebound phenomenon)의 일종으로 인식되어 있다.

2. 발정의 동기화

발정 동기화(synchronization on estrus)란 같이 사육되어지는 한 농장의 동물에 있어서 발정 및 배란이 같이 이루어 질 수 있다면 한 농장의 동물 무리를 관리하는데 매우 효과적이라 하겠다. 따라서 발정의 동기화는 인위적 처리에 의하여 단기일내 집중적으로 오게 하여 이 기간 내에 수정할 수 있도록 하는 것을 말한다.

(1) 발정동기화의 이점

① 동물 다두사육의 경우, 번식업무의 성력화가 가능하다.
② 발정의 발견과 교배적기의 파악이 용이하게 되어 수태율의 향상을 기대할 수 있다.
③ 암컷의 분만 시기를 조정할 수 있기 때문에 계획생산과 계획출하가 용이하게 된다.
④ 인공수정의 실시가 용이하게 되어 동물개량이 촉진된다.
⑤ 수정란 이식에 응용된다.

(2) 발정동기화의 구비조건

① 동기화 처리 후 일군의 암컷이 일정한 기일 내에 확실한 발정징후를 동반하는 발정과 배란이 나타나야 한다.
② 동기화 처리에 의해서 수태율의 저하, 산자수의 감소가 발생해서는 안 된다.
③ 발정동기화에 많은 경비가 소요되어서 안 되며, 처리과정도 간편해야 된다.
④ 동기화의 처리에 따른 부작용이 없으며, 특히 그 이후 번식성적에 악영향이 없어야 한다.

(3) 동기화 방법의 분류

① 난포의 발육과 성숙을 인위적으로 일시 억제하여 모든 암컷의 난포발육 정도를 같은 상태로 만들어 두었다가 발정과 배란이 집중적으로 오게 하는 방법이다.
② 황체의 수명을 인위적으로 단축 또는 연장시켜 모든 암컷의 황체퇴행시기를 같게 하여 발정과 배란이 오도록 하는 방법이다.

3. 발정동기화의 방법

(1) 난포발육 및 배란억제법

1) Gestagen

소에 대량의 progesterone을 연속해서 주사하면 난포의 발육이 억제되어 발정배란이 일어나지 않고, 주사를 중단하면 2~6일 후에 발정이 나타나는 것은 옛날부터 알려져 있다(Ulberg 등, 1951; Trinberger & hansel, 1955). 그러나 발정기에 있어서 수태율의 저하와 progesterone을 연속 주사하는 번잡성이 있기 때문에 이 방법은 실용화되지 않았다.

그 후 사람의 경구피임약으로 사용되고 있는 합성 gestagen을 동물에 응용해 경구투여에 의한 발정동기화가 가능하다는 것이 판명되었다. 이것에 사용된 gestagen은 약호로 MAP, CAP, MGA, DHPA라 불리우는 물질로써, 이것을 암컷의 성 주기에 상당하는 기간 연속해서 경구투여하고 투여가 끝나면 3~6일 후에 발정이 집중해서 발현하는 것이 인정되었다. 이 경구투여법은 연속주사에 비해 노력은 상당히 경감하지만 경비가 과중되고 수태성적이 그다지 좋지 않다는 점이 문제로 되었다. 그래서 투여량을 감소하고 연일 투여하는 노력을 줄이기 위해 면양, 소에 있어서 스폰지에 cronolone을 흡착시킨 것을 질 내에 일정기간 삽입해 두고 이것을 제거하면 며칠 안에 발정이 집중해서 오게 하는 방법이 개발되었다.

소의 발정동기화에 사용되는 합성 gestagen

종 류	상 품 명	투여방법	투여량(mg/일)
Medroxyprogesterone acetate	MAP	경구	120~240
Chlormadinone acetate	CAP	경구	10~12
Melengestrol acetate	MGA	경구	0.2~2.0
Dihydroxyprogesterone acetophenide	DHPA	경구	400~500
Flurogestone acetate	FGA	질내 스폰지	(100~200)
Norethandrolone	Nilevar	피하 매몰	(250)
Norgestomet	SC-21009	피하 매몰	(5~6)

( )내는 스폰지 또는 매몰물 중의 총량을 나타낸다.

2) 기타의 방법

돼지에 있어서는 뇌하수체로부터 생식선자극호르몬 분비를 억제하는 작용이 있는 히드라친 유도체인 methalibure에 의해 발정동기화와 함께 수태율이 대단히 좋은 성적을 얻었다는 것이 인정되었다. 즉 매일 체중 1kg당 1mg의 methalibure를 20일간 경구투여하면 투여기간 중에는 난포의 발육, 발정은 억제되지만, 투여 종료 후 5~7일 사이에 집중해서 발정이 발현된다. 그 뒤 투여종료일에 PMS와 그 후 HCG를 주사하면 40~42시간 후에 배란이 일어나고, 이때 수정해 95%의 높은 수태율이 얻어졌다. 그러나 methalibure를 임신 중의 돼지에 잘못 투여할 때 새끼가 기형이 될 염려가 있으므로 인체의 영향을 고려해서 본제는 제조 중지되어 현재는 이용되지 않는다.

(2) 황체 기능의 조절에 의한 방법

1) 자궁자극법

소에 있어서 액상점성물질(gelceptor F)또는 요요드제성 자극을 일으키면 황체초기에 주입한 것은 황체가 빨리 퇴행해서 성주기가 단축되고 황체후기에 주입한 것은 퇴행이 지연되어 성주기가 연장하고, 기타 시기에 주입한 예에서는 변화가 나타나지 않아 결국 황체기에 요오드제를 주입한 것에서는 처치 후 6~11일 사이에 집중해 발정, 배란이 일어나고, 이 때 수정해 약 50%의 소가 수태한 것이 인정되었다.

이 자궁자극에 의한 방법에 비해 경비와 노력을 절감할 수 있는 점에서 실용성이 있는 것으로 생각되어진다.

2) Prostaglandin 투여법

PGF2α의 황체퇴행작용이 밝혀진 이래 이것이 동물의 발정동기화에 이용되어지게 되었다. 1972년 Rowson 등이 성주기의 5~16일에 자궁 내 PGF2α를 0.5mg씩 2일간 주입했는데 주입 후 3일째에 발정이 왔으며, 이 발정의 수태율도 양호 하였다고 보고 하였다. 그러나 PGF2α의 효과는 배란 후 4일 이내의 것에는 나타나지 않고 배란 후 5~16일에 투여한 것에 효과가 있었다는 것이 인증되어졌다

4. 수정란 이식

(1) 개요 및 역사

인공수정기술의 발전으로 인해 동물의 번식 및 육종 개량의 측면에서 많은 진보가 이룩되었으나, 암컷의 번식능력과 유전형질을 이용하는데 있어서는 미약한 점이 있었다. 이러한 문제점을 해결하기 위해 많은 연구들이 진행되어 **수정란 이식** (embryo transfer)이란 기술이 발달하게 되었다.

수정란 이식이란 암컷의 생식기로부터 착상전의 수정란을 회수하여 다른 암컷의 생식기 내로 이식하여 착상, 임신, 분만케 하는 기술을 말하며, 이 방법을 통해 동물두수의 증가, 동물육종에 있어 세대수 단축, 특정 품종계통의 생산 및 생물 의학 연구의 발전을 도모할 수 있다.

Heape(1890)는 최초로 가토에 수정란을 이식하여 4마리의 자토를 생산한 것을 시발점으로 하여, 그 후 Warwick 등(1934)은 면양에서, Willett 등(1951)은 소에서 각각 이식을 성공하였다.

한편 대동물에 대한 수정란이식이 활발해지면서 소에서 1951년 Willett가 처음으로 성공하였는데, 개복수술에 의하여 수정란을 이식하였다. 비외과적 방법에 의한 소의 수정란 이식은 Mutter 등(1964)과 Sugie(1965)에 의하여 처음으로 성공하였다.

1970년대에 접어들면서 인공수정기구를 사용한 비외과적 이식법이 실시되었으며, 수태율도 점차적으로 높아졌다.

또한 동결에 의한 수정란의 장기보존에 대하여도 1970년에 접어들면서 본격적인 연구가 시작되어 1971년 Whittingham이 생쥐 수정란을 −79℃에서 동결한 후 융해 이식하여 새끼를 출산시켰다. 이어서 1973년 Wilmut 등에 의하여 소에서 동결수정란으로 처음으로 송아지가 분만되기에 이르렀다. 이 후 동결수정란에 의한 수정란이식은 수정란 처음으로 송아지가 분만되기에 이르렀다. 이 후 동결수정란에 의한 수정란이식은 수정란을 0.2㎖의 스트로 내에서 동결하여 인공수정용 스트로 주입기에 의하여 비외과적으로 자궁각 내에 주입하게 되어 급속도로 실용화 방향으로 발전하였다.

수정란이식에 의하여 분만한 송아지는 1982년 약 50,000두, 1984년 약 100,000두로 보고되고 있다. 최근 상업적 수정란이식은 동결수정란의 수출로

국제무역의 형태로 발전해 가고 있다.

그러나 수정란이식 기술은 공란동물의 다배란처리, 수정란의 회수, 공란동물과 수란동물의 발정동기화, 수정란의 보존 및 이식 등의 복잡한 단계적 기술이 요구되고 있기 때문에 상당한 기술과 숙련이 필요하다.

한편 수정란이식과 함께 수정란의 미세조작 및 체외수정등도 실용화 단계에 있어서 가히 생명공학적 차원으로 발전하고 있다.

(2) 수정란이식의 문제점

수정란이식은 앞에서 설명한 바와 같이 여러 가지 유리한 점이 많지만 극복하여야 하는 문제점도 있다.

공란우의 다배란은 수정란이식에 있어서 약간의 문제점을 가지고 있다. 그 하나는 일정량의 PMSG를 투여함에도 불구하고 배란수를 예견할 수 없다는 것이다.

다배란한 공란우의 약 20~25%가 수정란을 채란하지 못하거나 부적합했던 것으로 보고되고 있다. 다배란과 자궁세척은 공란우에게 불리한 결과를 가져다 줄 수 있다. 즉 다배란을 위하여 공란우에게 PMSG-PGF2α를 처리하였을 때 처리 후 평균 39일에 발정이 온다. 공란우의 약 20%가 다배란 후 낭종성 난포가 형성된다. 공란우에 있어서 다배란처리는 일시적이긴 하지만 산유량을 떨어뜨리는 경우가 있다. 그러나 비유량의 감소는 다배란처리로 형성된 다수의 황체가 퇴행되면 곧 회복된다.

비외과적 혹은 외과적 방법에 의한 수장란이식의 수태율은 아직도 낮다. 이는 상당 정도가 수정란이식을 수행하는 기관의 시술자의 숙련도, 공시축의 적절한 선택 및 시술시기 등에 달려 있다.

한편 수정란이식은 특별한 기구와 시설이 확보되어야 하며, 숙련된 기술자가 필요하다. 1마리의 새끼를 생산하는 비용이 많이 들어가므로 생산된 새끼의 경제성이 높아야 한다.

수정란이식의 장단점	
장 점	**단 점**
동물두수의 증가(쌍태, 다태에 응용)	복합된 고도의 기술 필요
동물자질의 향상	연구단계가 많다
동물개량기간의 단축	경제적으로 고가
특정품종 · 계통의 증산	항호르몬 생산
우량유전질의 보존(난자의 동결보존)	수술에 의한 손상(상처, 유착, 마취사)
보호동물의 번식	난산의 위험성(대형종을 소형종에 이식)
수송비 경감(동물 대신 수정란 수송)	특정품종에 편협
불임 · 번식장해 구명에 도움됨	동물애호, 반자연적인 면
생물 · 의학연구에 공헌 (수태와 면역,태아와 환경)	인위적 부정의 가능성
동물번식학의 국제협력(수정란무역)	등록복잡(혈액형검사)

(3) 수정란 이식

회수된 수정란을 즉시 이식을 하는 경우도 있으나, 대부분 동결란의 단계를 거쳐 수란동물에 이식된다. 수란동물의 주입 형태에 따라 외과적 이식과 비외과적 이식으로 구분된다.

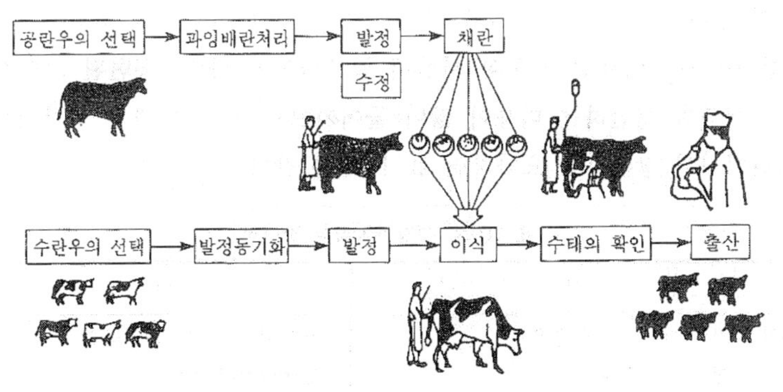

수정란 이식의 방법

1) 외과적 이식

쥐, 토끼와 같은 실험동물의 경우 외과적 수술에 의해 수정란을 이식하지만 대부분 대동물의 경우는 수술과정 및 수술 후 스트레스 때문에 기피하는 실정이다. 주로 마취를 하여 정중선이나 복부 측면을 절개하여 난관 및 자궁내로 이식을 한다.

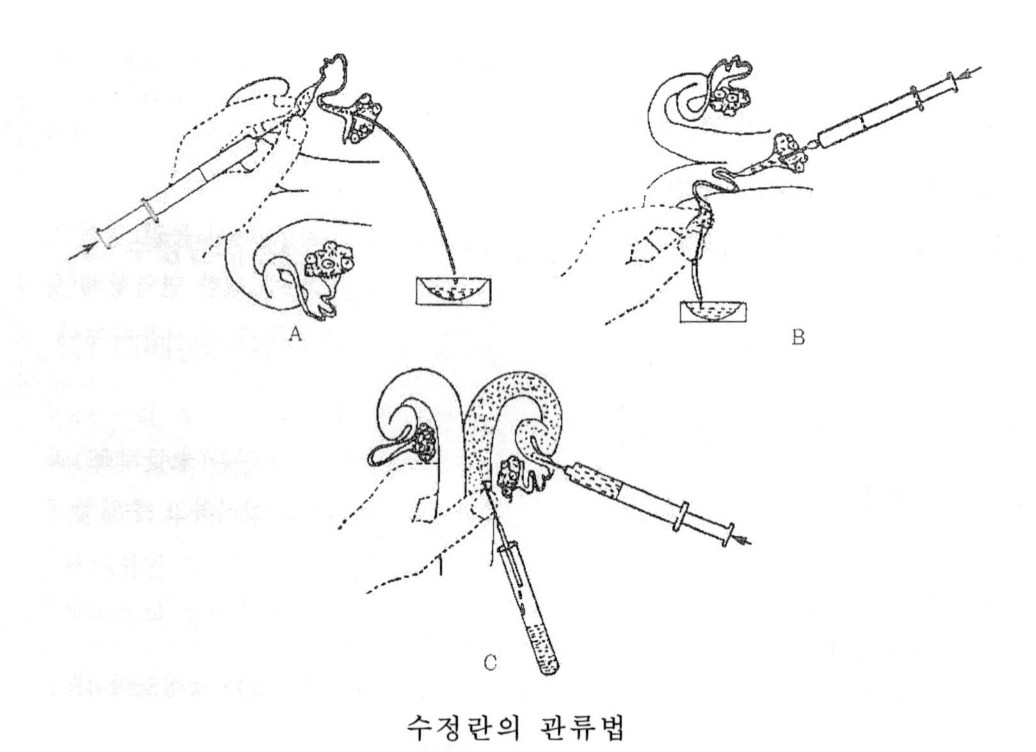

수정란의 관류법

A : 난관상향식 관류법　B : 난관하향식 관류법　C : 자궁관류법

2) 비외과적 이식

Sugie 등(1965)에 의해 시도된 후 여러 가지 외과적 이식에 의한 단점들을 해소하고 수정란의 실질적인 산업화에 이용할 수 있는 이식방법을 말하며, 주입과정은 질을 통하여 자궁 내로 수정란을 주입하며, 주입형태는 정액의 인공수정 방식과 동일하기 때문에 매우 손쉽게 할 수 있다.

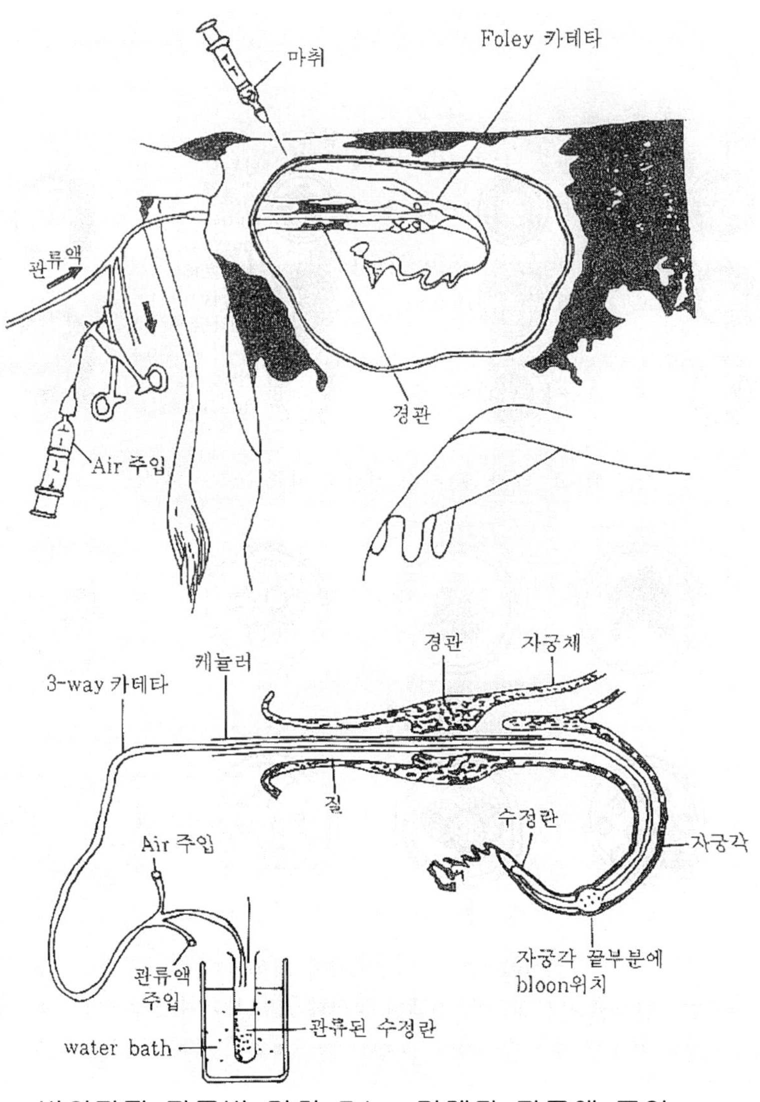

비외과적 관류법 미취 Fdey 카레타 관류액 주입

3) 채취된 난자와 수정란의 이식 생존성

일반적으로 초기 배형태의 수정란은 난관 내 이식하는 것이 좋으며, 상실배나 배반포의 후기배는 자궁 내로 이식하는 것이 유리하다. 그러나 착상률 및 출생률에 있어 후기 수정란을 이식하는 것이 성적이 좋아 비외과적 이식의 형태에 있어 후기 수정란의 이식이 많이 행해진다.

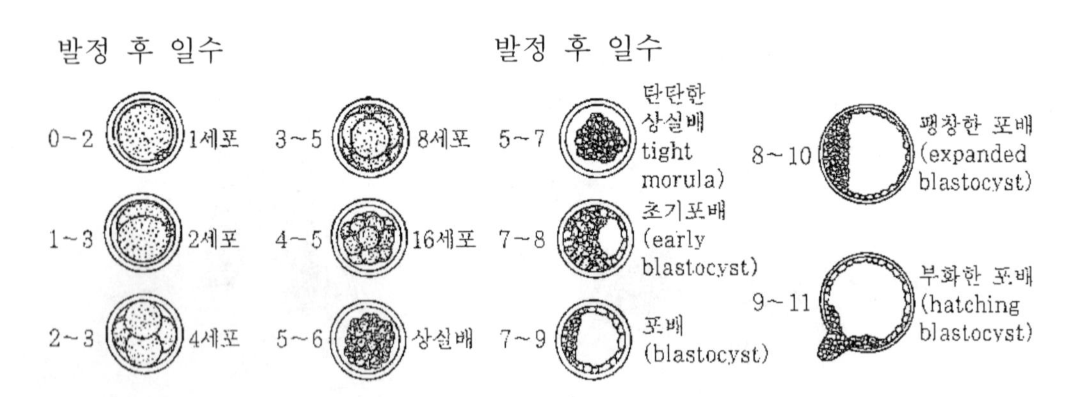

배란 후 시간 경과에 따른 수정란의 발육상태

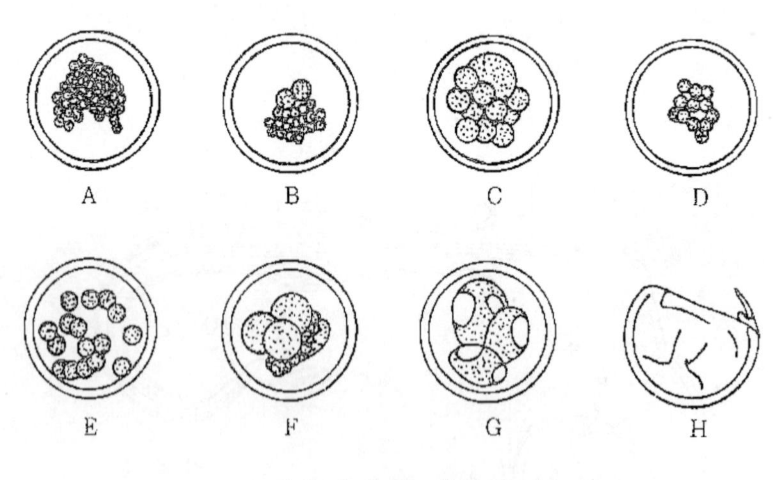

이상난자와 퇴화난자

3) 수정란의 보존

수정란은 단기간보존을 할 경우 배양을 하며, 장기간보존이 필요한 경우 동결보존과정을 거친다.

ㅇ수정란의 배양 : 온도(37~38℃), 이산화탄소 5%, 습도 100%를 유지한다.
ㅇ수정란의 동결 : 동결방지제와 함께 −196℃의 액체질소탱크에서 보관한다.
ㅇ수정란의 융해 : 상온의 공기 중에 1~2초가 노출하였다가 25℃수조에서 융해한다.

5. 체외수정

(1) 체외수정의 개요

체외수정이라 함은 수정되기 전의 미수정란을 채란 또는 난소 내 난모세포를 채취하여, 배란상태에 도달한 성숙난자의 발달시기, 즉 분열중기상태까지 인위적으로 배양시킨 다음 이 성숙난자와 사출정자나 정소상체 미부에서 채취한 정자를 체외 또는 체내에서 수정능 획득을 유도하여 시험관 내에 함께 주입하여 수정시키는 것을 뜻한다.

(2) 체외수정의 판정

① 웅성전핵과 자성전핵의 형성 여부
② 제1,2극체 형성 영부
③ 수정란 분화

위에 언급된 조건이 체외수정 판단의 기준이 되지만 가장 확실한 방법은 이식을 통한 검사라고 할 수 있다.

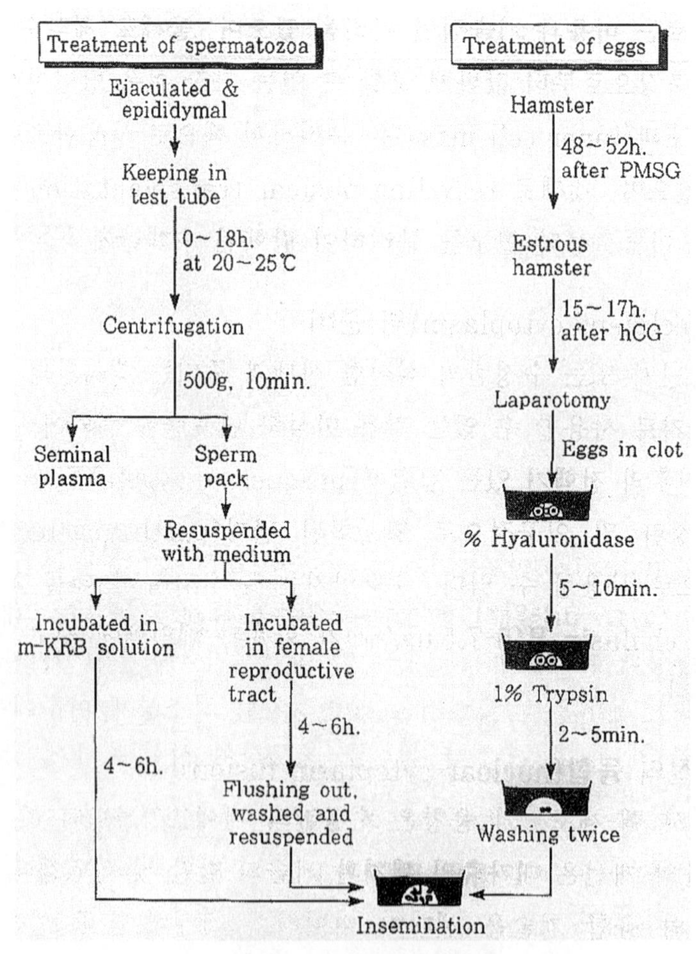

체외수정과정의 모식도

포유동물종의 체외수정에 대한 중요한 연구결과

동물종	생식세포		배양액	발생단계	연구자
	정자	난자			
토 끼	정소상체	난포	생식기도의 상피점액	극체방출, 난할	Schenk, 1878
	사출정자 (생체자궁)	배란 후 난관	Locke액	정자침입, 극체방출, 전핵형성, 난할	Thibault 등, 1954
	사출정자 (생체자궁)	배란 후 난관	KRB+0.25 glucose(수정용)+토끼혈청(배양용)	정자침입, 전핵, 난할, 이식 후 출산	Chang, 1959
	정소상체	배란 후 난관	고장액(수정능획득), m-Tyrode's(수정)	전핵, 난할, 이식후 출산	Brackett & Oliphant, 1975
흰 쥐	정소상체, 자궁내정자	배란난자 (투명대 제거)	Ham F_{10}	정자침입, 전핵	Toyoda & Chang. 1968
	정소상체	배란후 난관	m-KRB	정자침입, 전핵 난할(2세포), 이식후 출산	Toyoda & Chang. 1974
Golden hamster	정소상체	배란 후 난관	TC-199. Tyrode(±M/8 glycine)	정자침입, 전핵	Yanagimachi&Chang, 1963,64 Whittingham
	정소상체	배란 후 난관	m-Tyrode's	난할(2세포)	& Bavister, 1974
생 쥐	사출정자 (생체자궁)	과배란	m-KRB	난할(2세포), 이식후 17일령 태자	Whittingham, 1968
	정소상체	과배란	M-KRB	난할, 배반포, 이식후출산	Hoppe&Pitts, 1973
Chinese hamster	정소상체	과배란	Tyrode's, Ham F_{10}	정자침입, 전핵	Pickworth & Chang, 1969
Guinea pig	정소상체	배란, 체외성숙	BWW	정자칩입, 전핵, 난할(2세포)	Yanagimachi, 1972
	정소상체	체외성숙	MCM, BWW, Tyrode's	정자침입	Rogers & Yanagimachi, 1975
Mongolian gerbil	정소상체	과배란	Tyrode's + 소 난포액	정자침입, 전핵	Noske, 1972
개	정소상체	체외성숙	m-KRB(RWW)	정장침입, 전핵	Mahi&yanagimachi. 1976
고 양 이	수정관	과배란	m-BWW, m-Ham F_{10}	난할(2세포)	Bowen, 1977
원 숭 이	전기자극	성숙난포(PMS 후 44시간)	TC 199=20% 송아지혈청	정자침입, 극체방출, 전핵	Gould 등, 1973
사 람	사출정자	체외성숙	m-Tyrode's, m-Waymouth's, m-Ham F_{10}	정자침입, 전핵, 난할, 배반포	Edward 등, 1970
	사출정자	성숙난포란		난할(8세포), 이식후출산	Steptoe&Edwards. 1970
면 양	사출정자 (생체자궁)	과배란	Locke 액	정자침입(5%)	Thibault&Dauzier. 1961
	사출정자	과배란	면양난관액과 유사한 합성배양액	정자침입(14%) 난할(8%)	Bondiolik&Wright. 1979

돼 지	사출정자 (생체자궁)	배란직후	Locke 액	정자침입(2%)	Thibault & Dauzier. 1961
	사출정자 (생체자궁)	체외성숙	m-KRB	정자침입,극체방출 전핵, 난할(4세포)	Iritani 등, 1975
소	사출정자 (적출자궁)	체외성숙	m-KRB HIS(수정능 획득)	정자침입,극체방출,전핵	Iritani & Niwa.1977 Brackett 등,1980
	사출정자	과배란 전후	m-Tyrode's(수정) Ham F-10+10% FCS(배양)	정자침입, 난할(2~4세포)	
산 양	사출정자 (돼지,소, 토끼의 적출자궁)	체외성숙 후 투명대 제거	m-KRB	정자침입,극체방출.전핵	Kim.1981

(3) 체외수정의 응용

① 수정생리를 파악할 수 있어 생물, 의학 등의 발전을 기할 수 있다.
② 인간에 있어 배란장애나 난관이상 등의 생식기 이상 시 불임현상을 극복할 수 있다.
③ 초기배의 상태에 H-Y항체 현상 등을 이용하여 조기 성감별에 이용 할 수도 있다.

아울러 번식효율을 극대 시킬 수 있는 장점이 있다.

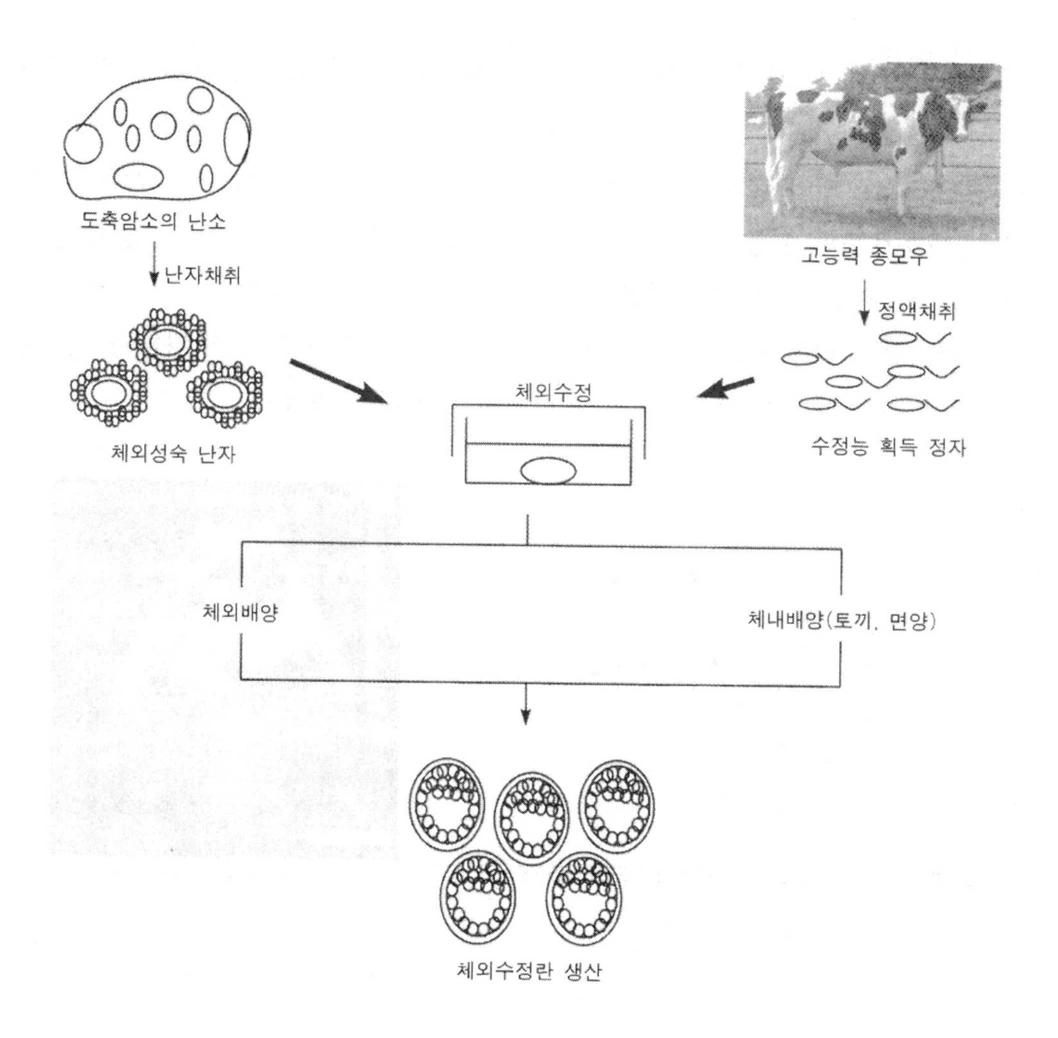

도축암소의 난소
난자채취
체외성숙 난자
고능력 종모우
정액채취
수정능 획득 정자
체외수정
체외배양
체내배양(토끼, 면양)
체외수정란 생산

체외수정란 생산 모식도

6. 복제동물, Chimera 및 Transgenic Animal의 생산

(1) 핵치환에 의한 복제동물의 생산

수정란의 **핵치환**은 전능한(totipotent) 시기에 있는 수정란의 할구세포로부터 다수의 핵을 채취하여 이를 탈핵된 다른 난자 또는 초기 수정란에 이식시킴으로써 하나의 수정란으로부터 동일한 성과 유전형질을 가진 다수의 복제수정란을 작출하여 이를 수란축에 이식하여 복제동물을 생산한다.

1) 핵 또는 할구(nuclei or blastomere)의 확보

세포분화가 일어나기 전의 분할기에 있는 포유동물 수정란의 할구세포들은 전능성(totipotency)을 가지고 있어서 하나의 할구세포의 핵으로도 배반포를 형성하고 한 개체로의 발달이 가능하다. 핵의 확보는 첫째 공란축의 과배란 처리에 의한 핵의 확보는 과배란 처리에 따르는 비용과 기술적인 어려움이 있으며, 둘째로 체외수정에 의한 공핵란의 확보방법은 도축장으로부터 값싸게 구할 수 있는 가장 쉬운 방법이며, 셋째로 배반포기 수정란의 내세포괴(inner cell mass)를 분리하여 핵으로 사용함으로써 보다 많은 핵을 확보할 수가 있으며, 넷째로 recycling nuclear transplantation에 의한 핵의 다량확보가 가능하다. 이들로부터 할구를 분리하여 탈핵된 수핵란에 미세주입한다.

2) 수핵난자(recipient cytoplasm)의 준비

핵을 수여받을 난자 또는 수정란의 적절한 선택과 준비는 핵치환의 중요한 요건 중의 하나이다 수핵난자로 사용할 수 있는 것은 미성숙 난포란을 체외에서 성숙시켜 사용할 수 있으며, 수정직후의 전핵기 있는 접합체(pronuclear zygote)를 이용하는 방법, 2-세포기에 있는 수정란 및 인공적으로 활성화된 난자(parthenogenetically activated eggs)를 수핵란으로 사용할 수 있다. 수핵난자는 hyalluronidase를 처리하여 난구세포를 제거하고 cytochalasin B(5-7.5㎍/㎖)가 함유된 배양액에 넣고 미세조작기법으로 탈핵시켜 사용한다.

3) 핵과 세포질의 융합(nuclear-cytoplasm fusion)

핵치환 기법에서 핵-세포질의 융합은 수정란의 미세조작기법과 아울러 매우 중요한 요건이며, 융화율의 개선은 대가축의 핵치환 기술의 발달 및 산업화에 필수적인 관건이 된다. 핵-세포질의 융합 기술은 센다이 바이러스 매개에 의한 방법(Sendai virus-mediated fusion method)과 전기적 자극에 의한 방법(electro stimulated fusion method)이 있다.

Sendai virus를 이용한 융합방법은 McGrath와 Solter(1983)가 고안한 방법으로써 생쥐에서는 핵융합률이 90% 이상으로 매우 높았다. 채취된 핵과 함께 1,000~3,000 HAU의 역가를 가진 불활화(inactivation)된 Sendai virus와 함께 탈핵된 수핵 수정란의 투명대와 형질막 사이에 주입하면 1시간 이내에 핵-세포질의 융합이 일어난다. 전기적 자극에 의한 융합방법은 Zimmermann과 Vienker(1982)가 분화된 동물세포 및 식물의 원형질체(protoplast)의 융합에 쓰이던 것을 Kubiak와 Tarkowski(1985)가 수정란의 핵치환에 응용하여 성공함으로써 널리 보급되어 오고 있다.

이 방법은 조작이 간편하고 융합률도 70~90%에 이르고 있다. 핵융합장치(electrocell manipulator)에 PBS 배양액이나 0.35M의 mannitol 용액에 넣어 융합 chamber에 담아서 교류전류 600~1,000kHz, 5~6V를 주어서 수정란을 일렬로 정렬시킨 다음 직류전류를 15~160V, 30~150u Sec를 주어서 핵-세포질의 융합을 유도한다. 전류의 전압과 통전시간은 동물의 종류 및 수정란의 발달 상태에 따라 다르다.

각종 동물의 핵치환에 의한 산자생산

동물의 종 류	핵의발달단계	세포질의 발달단계	융합방법	배반포로의 발달률(%)	산 자 생산율(%)	연구자
생 쥐	전핵(접합자)	탈핵된접합자	Sendai virus	94	16	McGrath&Solter(1983)
생 쥐	8-세포기	탈핵된2-세포기	Sendai virus	48	15	Park 등(1990)
토 끼	32-세포기	탈핵된2-,4-세포기	Electrofusion	44	15	Collas 등(1990)
산 양	32-세포기	탈핵된미수정란	Electrofusion		29	Yong 등(1991)
면 양	배반포기	탈핵된미수정란	Electrofusion	38	12	Smith 등(1991)
돼 지	전핵(집합자)	탈핵된접합자	Electrofusion	38	13	Prather 등(1989)
소	8-to 64-세포기	탈핵된미수정란	Electrofusion	-	33	Willadsen 등(1991)
소	16-세포기	탈핵된체외수정란	Electrofusion	78	3	Ushijima&Eto(1992)

4) 복제 수정란의 배양 및 발달(development fo cloned embryo)

복제란의 배양은 체내배양(*in vivo* culture)과 체외배양(*in vitro* culture) 두 가지가 있다.

체내배양은 면양과 토끼의 난관을 주로 많이 사용하는데 Willadsen(1986)은 8- 또는 16-세포기 수정란의 할구를 미수정란 또는 탈핵된 수정란에 주입하여 핵-세포질의 융합을 유도한 다음 한천(agar)로 포매(embedding)하여 면양의 난관에 주입하여 체내배양을 실시하여 33.3~48.3%가 배반포로 발달하였다고 한다.

생쥐에서는 체외배양을 하면 배반포로의 발달이 용이하게 일어나고 다른 동물에 비해 발달률이 높다. Robl 등 (1986) 및 Park(1990)은 2-세포기의 핵을 탈핵된 수정란에 이식하였을 때 93%가 배반포로 발달하였으나 8-세포기의 핵을 이식하였을 때는 48%가 배반포로 발달하여 발달된 수정란으로부터 공급받은 핵일수록 체외발달 능력이 떨어진다고 한다.

발달된 핵일수록 체외배양 후 분열된 핵의 수는 정상 수정란에서의 핵의 수보다 감소한다. 핵의 수가 적은 수정란은 수란축의 체내에 이식하면 수태율 및 산자생산율도 떨어진다.

(2) Chimera animal 생산

키메라(chimera)의 어원은 그리스 신화에서 나온 것으로써 사자의 머리에 양의 몸과 용의 꼬리를 가진 괴물을 말한다. 즉 종(species)또는 계통(strain)이 서로 다른 2개 또는 그 이상의 수정란으로부터 발생한 복합체를 말한다.

Tarkowski(1961) 및 Mintz(1962)가 계통이 서로 다른 개체로부터 8-세포기 수정란을 채취하여 투명대(zonapellucida)를 제거하여 나화된 2개의 수정란을 인위적으로 응집시킨 다음 배양 후 수란생쥐에 이식하여 최초의 키메라 생쥐를 생산하였으며, 소(Brem 등, 1984), 면양(Fehilly 등, 1984) 및 산양(Fehilly 등, 1984)에서도 키메라를 생산하였다.

가축에 있어서 이 기법을 응용하면 모색이 서로 다른 계통의 키메라를 생산할 수 있어 고급의 모피를 생산할 수가 있으며, 나아가 새로운 동물의 생산도 가능하다.

키메라 생산 및 방법에는 서로 다른 2개 이상의 수정란을 응집시켜 발달시키는 응집법과 배반포기 수정란의 포배강 내에 다른 계통의 수정란의 핵 또는 할구(blastomere)를 미세조작에 의해 주입하는 주입법이 있다.

응집법에는 그림 10-9에서 보는 바와 같이 서로 모색이 다른 두 계통의 생쥐로부터 8-세포기의 수정란을 채취하여 투명대를 제거한 후 이들 할구들을 물리적으로 응집시켜 배반포기까지 발달시켜 수란생쥐의 자국에 이식하여 키메라를 생산하는 방법이다. 이 응집법은 물리적 또는 화학적인 방법으로 응집을 유도하였으나, 최근에는 Sendai virus 및 electrofusion이 개발되어 이들 방법들을 응용할 수 있다.

주입법은 배반포가 수정란의 포배강 내에 다른 개체의 할구(blastomere) 또는 내세포괴(inner cell mass)의 세포를 주입하여 체외배양한 후 수란생쥐에 이식하는 방법이다.

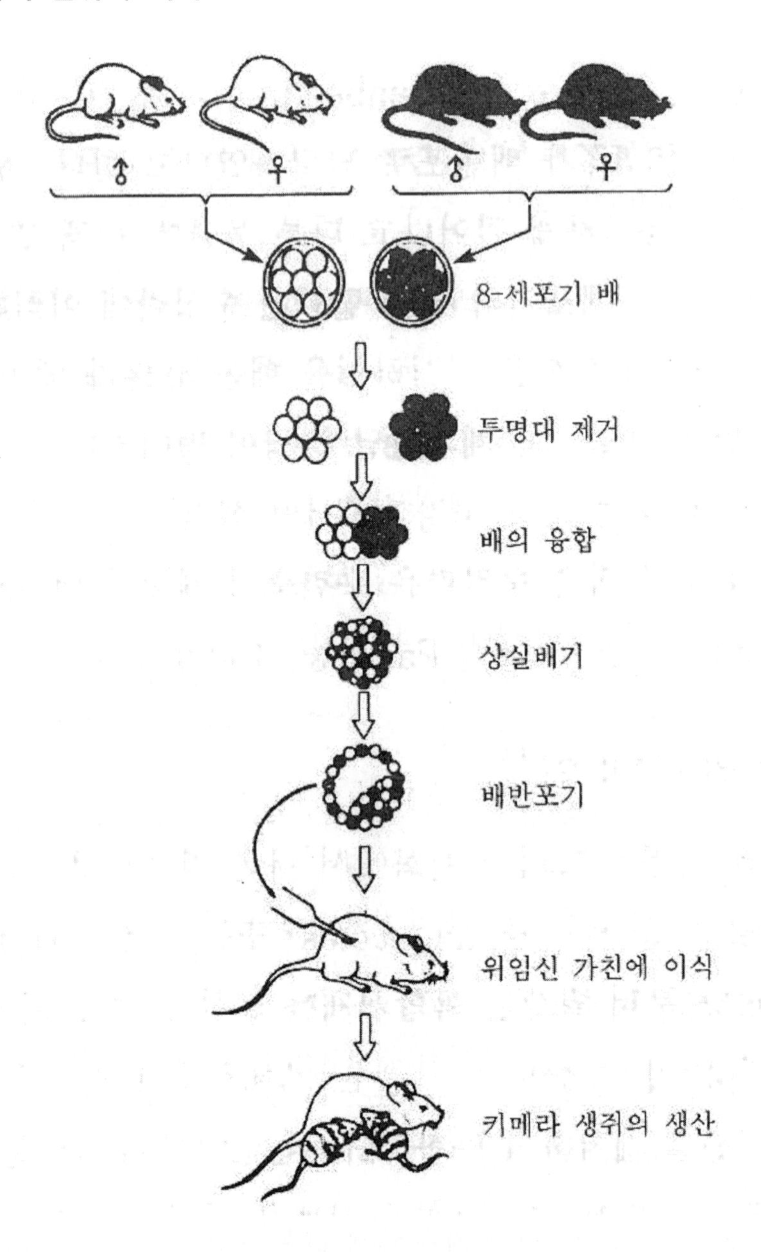

나배(裸胚)의 융합에 의하여 키메라 생쥐를 생산하는 과정을 나타내는 모식도

(3) 재조합 DNA에 의한 transgenic animal 생산

포유동물의 수정란에 외래유전자를 주입하는 기술은 가장 직접적인 개체수준에서의 유전자 조작을 실시한다는 점에서 매우 중요한 의의를 가지며, 또한 동물의 육종 및 유전적 개량을 위한 최신의 기술이다.

외래유전자를 주입하여 거대 생쥐와 같은 새로운 형질을 지닌 동물을 작출 함으로써 성장 호르몬의 대량생산이 가능하고 질병의 저항성 유전자의 이식에 의한 동물 질병의 저항성 증가, 유단백 유전자의 이식에 의한 유량증가, 유지방 및 유단백질의 증가 등과 나아가 우유의 조성까지도 변화시킬 수 있을 것이다. 이러한 외래 유전자의 주입은 Gordon 등(1980)이 생쥐의 zygote의 전핵에 주입하는데 성공한데 이어 거대생쥐(Palmiter 등, 1983) 생산과 면양, 산양 및 소에서도 재조합 DNA의 주입에 의한 transgenic animal을 생산하였다.

황우석교수, '질병없는 삶' 앞당겨

▲나이 성별에 관계 없이 체세포복제가 가능하고
▲여성 한명의 난자로 환자 한명의 줄기세포를 배양
▲줄기세포 이식에 따른 면역거부반응을 제지
▲당뇨병 척수 손상 등 단일세포질환의 완치 가능

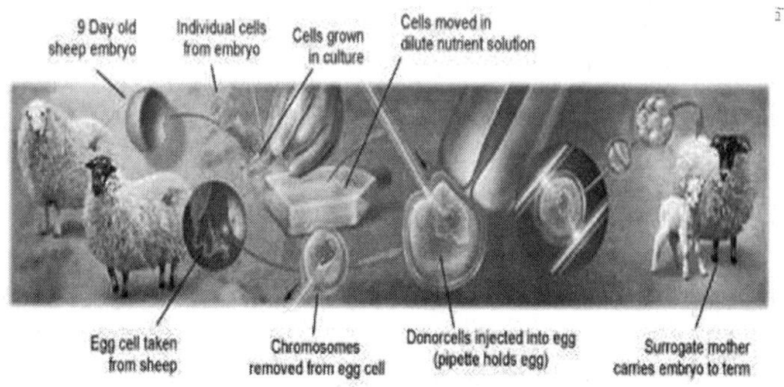

7. 분만유기

동물의 임신기간은 종류에 따라 대체로 일정하지만 동일 품종에 있어서도 개체에 따라 약간의 변이가 있기 때문에 분만일을 예측한다는 것은 어렵다. 분만일이 다가오면 분만보조가 될 수 있도록 밤낮으로 감시해야 하며 그 노력은 크다.

분만의 인위적 조절에 의하여 얻을 수 있는 이점으로는 분만에 소요되는 노동력의 효율성 제고, 휴일이나 야간특근시간의 절약, 집중조산에 의한 신생자의 생존율 향상, 임신기간 단축에 의한 번식회전율의 향상, 장기재태의 예방 및 분만시기의 동기와에 수반되는 간접적 발정동기화 등을 들 수 있다.

인위적 분만유기의 방법으로 합성부신피질호르몬 투여에 의한 것과 prostaglandin의 투여에 의한 것이 있다.

(1) 부신피질 호르몬에 의한 방법

ACTH의 자극을 받은 태아 부신피질에 의한 glucocorticoid의 분비증가가 분만을 개시시키는 결정적인 계기가 된다. 즉 면양태아의 부신을 제거하거나(Drost & Holm, 1968 ; siggins, 1969), 뇌하수체 제거에 의하여 부신이 위축된 돼지태아(Bosc 등, 1974 ; Stryker & Dziuk, 1975)는 각각 분만이 개시되지 않거나 혹은 지연된다.

이와는 반대로 합성 glucocorticoid인 dexamethasone을 돼지태아나 어미돼지에게 투여하면 태아도 생존하고 비유가 수반되는 분만이 개시된다.

그러나 glucocorticoid에 의한 분만유기는 비싸게 먹힐 뿐 아니라 반복투여가 필요하고 투여 후 분만이 유기되기까지의 기간에도 변이가 크다.

소에 있어서 임신 270일 이후에 있어서 glucocorticoid의 분만유기 성적은 괄목할만한 것이나, 후산정체의 발생률이 높다는 것이 인정되었다. Davis 등(1977)에 의하면 glucocorticoid를 투여하기 전에 estrogen 처리를 하면 분만에 소요되는 시간의 균일성이 높아진다고 한다.

(2) Prostaglandin에 의한 방법

사람에 있어서 인공유산, 분만유기의 목적으로 PGE2 나 PGF2α가 상당히 널리 사용되어지고 있지만, 동물에서도 소와 돼지에 있어서 시험되었다.

Spears 등(1974)은 PGF2α 20㎎을 분만예정일의 7~14일전에 투여한 결과 분만유기율은 불과 14%였다고 보고하였다. 中原 등(1976)은 분만예정 24~30일 전의 소에 총량 20~36㎎의 PGF2α을 2~4회에 분할해서 자궁 내에 주입하면, 처치 후 평균 82.8 시간에 분만이 유기되지만, 분만예정 6~10일전의 소에서는 이보다 소량의 PGF2α 15~20㎎의 근육 내 주사 또는 자궁 내 주입에 의해 처치 후 평균 42.2시간에 분만이 유기되었다. 즉 분만예정일에 가까울수록 분만유기가 용이하게 되는 것으로 나타나 있다.

또한 PGF2α에 의한 분만유기의 경우에도 후산정체의 발생률이 높지만, PGF2α와 estrogen을 병용하면 후산정체의 발생률이 감소하는 것으로 나타나 있다.

돼지의 분만을 인위적으로 유기할 때에 가장 성적이 좋아 널리 이용되고 있는 제제는 PGF2α와 그 유연물질이다.

이들 실험의 대부분은 임신 110~113일째에 PGF2α을 투여하여 주간분만을 유도하고자 시도한 것들인데, 그 결과는 거의 만족할만한 것이다. PGF2α 투여 후 48시간 이내에 73-95%의 공시돈에서 분만이 유기된다. PGF2α 투여 후 분만까지의 소요시간은 동복자수가 클수록 단축되며, 또 투여시기가 분만예정일에 가까울수록 단축된다. 이러한 경향은 산차에 의하여 영향을 받지 않는다.

임신 109일 이내에 PGF2α에 의해 분만된 자돈은 분만 후 1일 이상 생존하지 못하나 차이가 PGF2α의 투여시기가 임신 109일 이후인 경우 분만유기의 사산율은 정상 분만의 그것과도 차이가 인정되지 않았다. 뿐만 아니라 모돈의 번식능력, 즉 이유 후 발정재귀나 수태율도 분만유기에 의해 영향을 받지 않는다.

PGF2α 투여 후 분만이 유기되는 시기를 보다 정확하게 지배하려는 목적하에 oxytocin을 병용하기도 한다.

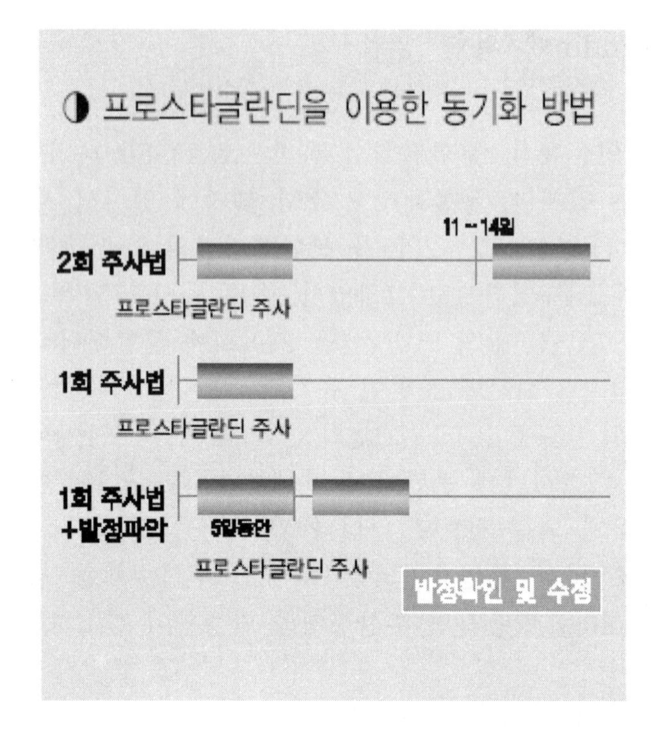
◑ 프로스타글란딘을 이용한 동기화 방법
11~14일
2회 주사법
프로스타글란딘 주사
1회 주사법
프로스타글란딘 주사
1회 주사법
+발정파악
5일동안
프로스타글란딘 주사
발정확인 및 수정

Chapter 11
번 식 장 해

번 식 장 해

동물의 번식생리는 신체의 모든 기능과 밀접한 관계가 있으며 대단히 복잡하다. 신체의 정상적인 생리현상이 이루어졌을 때 비로소 정상적인 번식도 이루어진다.

번식장해(reproductive failure or disorder)라고 하는 것은 수컷이나 암컷에서 일시적 또는 지속적으로 번식이 정지되거나 또는 저해되는 상태를 말하지만 번식이 불능인 것을 통틀어서 말한다. 그 범위는 자 웅 동물 모두 생식기관의 이상 및 질환에 근거를 둔 것으로 한정해서 보통 다음과 같은 것을 생각 할 수 있다.

① 생후, 번식연령에 달하거나 분만 후 일정기간을 경과해도 난소의 활동이 없고 발정을 하지 않든가, 이상발정이 되어 종부, 인공수정을 할 수 없는 것(난초발육장해, 둔성발정, 영구형체, 난소낭종 등)
② 발정이 규칙적으로 또는 불규칙적으로 오면서 종부, 인공수정을 해도 자궁 그 외 다른 곳에 이상 또는 질환이 있어 수태되지 않은 것(배란장해, 난포낭종, 황체형성부전, 난관염, 자궁내막염, 경관염, 요질 등)
③ 임상적으로 이상 또는 질환은 인정되지 않지만 3회 이상종부 인공수정을 해도 수태되지 않은 것(repeat breeder)
④ 수정란, 태아가 조기에 사멸, 흡수되는가 또는 관리자의 부주의로 조기유산인 것도 일반적으로 불수태로 해서 취급된다(유산, 침적태아, 미이라변성태아 등)
⑤ 분만직전, 경과 중에 태아가 사망 또는 난산한 것 혹은 분만 후 태반이 나오지 않고 일정기간 정체하고 모체에 이상이 인정되어진 것(사산, 난산, 태반정체)
⑥ 신생자의 발육불량, 기립불량, 포유불량, 그 외 다른 것에 의해 생후 20일 이내에 폐사하는 것(허약자)
⑦ 종모동물의 교미욕 감퇴, 교미욕 소실, 음경의 질환에 따라 교미 또는 사정에 장해를 받은 것(교미불능증)
⑧ 조정 기능의 장해 또는 정소상체, 정관 및 부생식선의 이상에 따라 정자 또는 정액의 이상 등의 번식장해로 취급한다(잠복장소, 정소기능, 정소상체염, 기능이상)

1. 암컷의 번식장해

암컷에 있어서 번식주기의 모든 양상은 시상하부에서 방출되는 생식자극호르몬 방출인자(gonadotrophin releasing hormone; Gn-RH), 생식선자극호르몬 및 생식선호르몬간의 복잡한 상호작용에 의하여 동기화되고 다시 통제된다.
이러한 일련의 호르몬 분비과정에 있어서 어딘가에 결함이 생기면 번식장해가 발생한다.

(1) 난소기능 장해

난소의 두 가지 주 기능, 즉 난자의 생산과 난소호르몬의 분비는 서로 깊은 관계를 맺고 있으며, 성공적인 번식의 관건이 된다. 암컷의 번식장해 중에서는 난소의 기능이상 및 질환에 의한 것이 제일 많다. 난소에 질환이 생기면 난포의 발육, 배란, 황체형성과 퇴행 등 난소의 일련의 주기적인 활동에 이상이 생겨 정상적인 성주기가 파괴되고 또한 대부분의 경우 이상발정으로 되어 교배가 불가능하든가 또는 배란에 장해를 받아 교배해도 수태되지 않는다.
난소의 기능 이상은 난소기능을 지배하고 있는 뇌하수체전엽의 생식선자극호르몬 분비이상에 기인한 것이다.
이상발정으로서는 성성숙기(puberty)에 달해서도 발정발현이 없고 분만 후 생리적 공태기가 지나도 발정하지 않는 **무발정**(anestrus), 발정징후가 미약한 **미약발정**(silent estrus) 또는 **둔성발정**(dull estrus), 발정이 비정상으로 오래 지속하는 **지속성 발정**(spilit estrus) 등이 있다.

1) 무 발 정

무발정은 발정을 일으키지 않는 성적 비활동상태를 의미하며, 일반적으로 난소발육부전, 난소정지, 난소기능감퇴 및 난소위축 등에 의해서 발생한다.
이러한 원인들은 소에 있어서 겨울부터 이른 봄에 생초가 결핍한 계절에 많이 발생하고, 특히 한발에 의한 초생이 불량한 해에 많이 발생하거나 단백질 및 인의 부족으로도 발생한다.

이들의 직접적인 원인은 뇌하수체전엽호르몬인 생식선자극호르몬(GTH)의 분비기능 저하이다. 그런데 영구적 무발정을 제외하고는 자연적으로 회복이 되거나 또는 FSH, PMSG 등의 생식선자극호르몬이나 생식선자극호르몬 방출호르몬(GTH-RH), PGF2a 을 주사하면 발정이 다시 재개 된다

① 난소발육부전

성성숙에 달하는 연령이 지났음에도 불구하고 발정을 나타내지 않는 미경산우(heifer)에 있어서 직장검사를 해 보면 난소가 작고 딱딱하며 난포도, 항체도 인정되지 않은 상태가 계속하고 있는 것을 말한다.

② 난소정지 또는 휴지

무발정의 증상을 나타낸 소에 있어서 난소는 상당히 커지고 탄력도 있지만 명확한 난포나 황체도 인정되지 않은 상태가 계속하고 있는 것을 말한다.

③ 난소위축

난소가 평평하고 소형으로 탄력성이 없고, 위축 또는 경화되어 난포의 발육, 황체의 형성이 인정되지 않은 상태를 말한다. 이는 노령 · 영양불량 이외에도 virus병, theileriosis 등에 걸린 다음 장기간에 걸쳐서 전신이 쇠약하였을 때 발생한다.

발정은 전혀 발현되지 않으며 부생식선도 일반적으로 위축된다.

2) 이상 발정

무배란발정, 미약정발정, 지속성 발정 등이 이상발정이 나타나는 수가 있다.

이것은 FSH나 LH 또는 estrogen과 progesterone의 균형이 이루어지지 못한데 에 그 원인이 있으며, 때로는 신경자극과 호르몬간의 조화가 이루어지지 못할 때 일어난다.

① 무배란 발정

난포가 발육해서 발정을 나타내지만 배란에 이르지 않고 패쇄퇴행하는 것인데 이것은 돼지나 말에서는 소나 면양에 있어서 보다 많이 발생한다. 그 원인은 뇌하수체전엽에서 분비하는 LH(황체형성호르몬)의 부족에의해서 발생하는 것으로 생각된다. 전엽에 있어서 FSH : LH의 평형면 밑 난소의 구조상에서 주로 말에서 일어나는 장해지만 실제로는 소에도 발생하고 있다.

② 둔성 발정

둔성발정이란 난포의 발육, 배란은 주기적이지만 발정징후를 나타내지 않든가 혹은 미약한 것을 말한다. 발정이 불분명하기 때문에 교배를 할 수 없고 또는 교배 적기에 놓치기 때문에 번식장해의 한 요인이 된다. 일반적으로 발정징후는 방목 중인 것, 유량이 많은 젖소, 포유 중인 소, 육우에 있어서는 미약발정이 많이 발생하는 경향이 있다.

한편 미약발정에서 난소주기는 정상적으로 되고 있기 때문에 직장검사에 의해 난소의 발육상태로 교배적기를 추정해서 인공수정을 시키면 수태시킬 수가 있다.

원인에 관해서는 밝혀지지 않고 GTH(생식자극호르몬)-estrogen(난포호르몬)(황체호르몬)의 불균형, 발정징후에 관여하는 신경흥분호르몬에 대한 시기가 높은 것, 심리적 요인 등을 생각할 수 있다.

③ 지속성 발정

지속성 발정이란 난포가 발육하여 발정은 나타나지만 발육난포가 오랫동안 존속하거나 또는 난포의 발육과 폐쇄퇴행이 계속되어 결국 배란은 하지만 배란까지 오랜 시일이 필요한 것을 말한다. 따라서 이 경우 발정이 정상인 동물에 비해서 오랫동안 계속한다. 본래 말에 많은 장해로써 번식계절이 개시되는 시기에 즈음하여 난소기능이 충분치 못할 때 자주 발생한다. 소에 있어서도 가끔 발생하며, 발정이 3~5일 또는 그 이상 계속하는 것이 있다. 지속성 발정에 있어서는 교배적기가 불분명하기 때문에 재교배해도 불임이 되는 것이 많다.

3) 난소낭종

말이나 소에 많이 있는 난소질환의 하나로써 면양이나 돼지에도 발생한다.

난소낭종(ovarian cyst)에는 난포낭종과 황체낭종이 있다. 난포낭종은 난소에 다수의 크고 작은 난포가 있어 낭종을 일으키고, 때로는 정상난포보다 몇 배나 더 큰 낭종을 형성하거나 또는 낭종이 주기적으로 변화되고 교대로 계속적으로 발달하며 퇴화된다.

이러한 낭종이 있는 개체에서는 무발정, 사모광종(nymphomania) 등 불규칙적인 발정이 일어나며, 특히 사모광증의 현상이 많이 생긴다.

이러한 소는 다 성질이 거칠어지고 미근가 올라간다. 이 난포낭종의 발생원인은 FSH의 과잉분비와LH의 부족으로 성숙난포가 파열되지 못하여 주기적인 황체형성반응이 나타나지 않기 때문이다. 이와 같이 난포낭종은 성장과 퇴축이 주기적으로 반복되나 배란은 일어나지 않는다. 황체낭종은 황체조직으로 된 얇은 외피를 가지고 있으며 오랜 기간 존속되어 배란도 일어나지 않는다. 소에 있어서 난소낭종 발생은 다량의 유생산, 계절적인 변화, 유전적인 소인 및 뇌하수체 기능장해 등과 관계가 있다.

생식선자극호르몬 방출호르몬(GnRH)이나 HCG의 투여는 난포낭종 치료에 효과가 있으며, 황체낭종 치료에는 prostaglandin F2 a(PGF2 a)가 이용되고 있다.

4) 영구황체

동물이 임신하지 않은데도 불구하고 황체가 존속하고 그 기능을 발휘하는 것을 **영구황체**(persistent corpus luteum)라고 한다. 소에서는 많이 발생하고 말에서도 발생하는 것으로 알려져 있다. 이 경우 왕성한 황체호르몬(progesterone)의 분비가 있기 때문에 난포의 발육이 억제되어 발정이 나타나지 않는다.

원인으로는 종래부터 두 가지가 생각되어졌다. 하나는 자궁내에 이물이 존재하는 것으로써 소에서는 미이라 변성 등의 변성태아, 고름 또는 점액이 고이는 등의 경우와 다른 하나는 내분비 이상에 의하여 발생한다고 알려져 있다. 한편 자궁질환을 동반하지 않은 소에서도 가끔 영구 황체가 나타난다. 영구황체가 존재하는 가축에 있어서는 난포발육, 배란이 억제되어 무발정상태가 계속된다.

최근에 PGF2a나 그 유연 제품들이 영구황체 치료에 사용되어 좋은 효과를 거두고 있다.

5) 배란장해

난포가 발육 · 성숙해서 발정이 나타나고, 그 후 배란까지 시간의 경과와 난포의 형태적 변화 등에 이상이 있을 때 이를 **배란장해**(ovulation failure)라고 한다. 이는 주로 내분비 이상에서 기인되며 생식선자극호르몬, 특히 LH의 분비기능 저하, 또는 LH의 분비와 지연 등을 들 수 있다. 내분비 이상에 의한 배란장해는 농후사료를 많이 급여시키는 사사기간(사육사 내 사육)에 많이 발생함으로써 난소낭종의 경우와 같이 사양환경이 불량한 경우 그리고 스트레스 요인이 많은 사양조건에서 방목되는 소에 많이 발생한다. 배란 장해 동물의 치료에는 HCG, Gn-LH, PGF2a 등이 응용되고 있다.

(2) 수정장해

1) 수정장해

수정장해(fertilization failure)는 정자가 침입하기 전에 난자가 사멸하거나, 난자와 정자의 구조적 및 기능적 이상의 결과로써 나타나거나, 난자와 면역학적 불친화성에 의해 일어나는 것으로 생각된다.

① 노화난자와 이상난자

미수정란의 존속시간은 동물종이나 개체에 따라 상당히 변이가 있다. 난자가 노화함에 따라 수정력과 생존배를 만드는 능력은 저하한다. 노화과정은 서서히 진행되어서 여러 가지 기능이 연속적으로 상실된다. 특히 노화가 진행됨에 따라 전핵을 포함한 수정이상이 발생한다. 난자의 정자 침입에 관련한 생물물리학적 및 생화학적인 반응속도가 둔화하여 **다정자침입**(polyspermy)의 기회가 증가하는 조건이 된다.

말이나 돼지에서는 발정지속 일수가 비교적 길고, 교미시기가 수정률에 미치는 영향이 대단히 중요하다. 돼지에 있어서 발정의 교배까지의 시간이 지연됨에 따라 2개 이상의 전핵을 가진 난자의 수가 증가한다.

난소 내의 난세포 및 난관 내의 난자가 우연히 파편화하거나 또는 자주 정상분할에 유사한 세포질분열이 일어난다. 파편화는 미성숙동물이나 생식선자극호르몬애 의해 유기된 **다배란동물**에 빈번하게 나타난다. 이러한 이상난자는 수정력이 없다.

그밖에 거대난자(giant egg), 난형난자(oval shaped egg), 투명대 파열(ruptured zona pellucida)등도 정상적인 수정을 하지 못한다. 수정 및 정상적인 배발육에 미치는 장해는 난자의 유전적인 이상 또는 환경요인에 의한 것으로 생각된다.

예를 들면 번식 전에 고온에 영향을 받은 동물에서는 수정률이 낮다.

② 노화정자와 이상정자

노화정자는 정자 중 DNA의 함량이 감소되므로 배의 조기 사망이 원인이 되며, 이상정자도 DNA의 함량에 이상이 있어 수정장해나 이상수정을 일으키기 때문에 수정불능이 된다.

동물의 개체 간에는 항원으로 해서 넓은 변이성이 있기 때문에 정자는 암컷의 생식기도 내에서 하나의 항체로 간주된다. 외부에서 주입된 이물이 거절당할 가능성도 있다.

이 현상은 정자와 그것을 받아들인 암컷간의 항원성 불친화의 결과이며 종간교배가 불임이 되는 하나의 이유이다. 수정전의 정자와 난자 사이의 상호작용은 항원-항체기구에 의하여 크게 영향을 받는다.

2) 이상수정

수정과정은 대단히 복잡하고, 여러 가지 이상, 소위 다정자수정(poly-spermic fertilization), 전핵형성이상(failure of pronucleus formation), 자성생식(gynogenesis) 및 웅성생식(androgenesis) 등 이상수정은 배우자의 노화, 온도의 상승 등 환경조건의 변화나 X-선 조사, 독성물질을 투여하는 등 인위적 조작에 의해서도 일어나며, 이들 모두 불임원인이 된다.

(3) 임신이상

임신이상에는 출생전 폐사, 자연유산, 임신 중 대사이상, 장기재태, 미이라 변성 및 요막수종 등이 포함되어진다.

1) 출생전 폐사

① 배 폐사

소, 면양 및 돼지에서 배의 약 25~40%는 정자가 난자에 침입해 들어가는 시기와 착상의 말기 사이에서 손실된다. 그러나 대부분의 손실은 착상 전후에 일어난다.

소에 있어서 폐사가 일어나는 시기에 따라 두 가지 상이한 형식으로 재발정이 오게 된다. 수정란이 상실배(morula)나 초기의 배반포기까지 발생되었다가 발정주기의 중간 전에 변성되는 경우가 있다. 이때는 황체가 정상주기의 경우와 같이 퇴화되고 발정도 예정도니시기에 온다. 그러나 수정란이 발정주기의 중기 이후에 변성되거나 착상전후에 폐사되었을 때에는 황체의 퇴화는 지연된다.

소에서는 배폐사의 대부분은 임신 16~25알 사이에 일어난다. 이 시기는 배 또는 배 이외 세포가 급속히 발육 및 분열을 일으키는 시기와 일치한다. 배의 생존은 임신 약 2주에서 5주경까지는 **자궁유**(uterine milk) 중에 함유되어 있는 영양소에 의존하고 있기 때문에 이시기에 일어나는 폐사는 자궁의 불량 환경에 의한 것이라 생각되어진다.

② 출생 전 폐사의 원인

출생 전 폐사는 모체측 요인과 배측 요인 또는 모체와 태아의 상호작용에 의하여 영향을 받는다. 모체측 요인은 동복자 전체에 영향을 미쳐 그 결과 임신이 완전하게 정지된다. 그러나 배측에 원인이 있을 때에는 개개의 배에 영향이 미치기 때문에 임신이 부분적으로 실패로 끝나고 만다.

유전, 영야, 어미의 연령, 호르몬의 불균형 및 열 스트레스 등은 폐사를 유발시키는 요인이 된다.

③ 착상장해

아무리 건강하고 정상적인 암컷만을 선별하여 사양해도 그 동물군에서 어느 정도의 **착상장해**(implantation failure)는 피할 수 없다. 그러나 이것은 수정능력에 영향을 미치는 영구적인 어떤 요인이 존재하는 것을 나타내는 것이 아니다. 왜냐하면 한번 착상장해를 일으켰다 하더라도 그 후의 정상적인 교배나 배이식에 의하여 임신이 이루어지기 때문이다.

Adames(1962)는 토끼의 난자를 이식하고 비록 배의 수가 변해도 임신율에 영향을 미치지 않는다는 것, 또한 한쪽 자궁각에 이식한 것에 대해서 양쪽 자궁각에 이식한 것이 근소하게 임신율이 높다고 하는 사실을 확인했다. 이것이 일시적 불임의 예에 있어서 착상장해는 어떤 국소적 요인보다도 종합적인 요인에 의하여 일어난다는 것을 나타내고 있다.

④ 내분비적 요인

수정란이 난관에서 자궁으로 내려가는 것은 발정 후 난포 호르몬(estrogen) 농도가 서서히 저하하는 것과 난포가 파열됨에 따라 황체에서 황체호르몬(progesterone)의 생산이 증대하는 것 등에 의해 지배된다. 만약 estrogen과 progesterone의 균형이 파괴되면 난자의 수송이 촉진이 촉진되거나 또는 지연되어 착상전 배폐사를 유발하게 된다.

비임신동물에 있어서 주기적인 황체의 퇴행은 자궁에서의 연속적인 황체 소

멸작용에 의한 것이다. 자궁 내에 정상적인 배가 있을 때에는 이 작용이 억제되어 황체는 퇴행하지 않는다.

배 생존의 임계시기는 배반포기의 후기이며, 성장하고 있는 황체는 progesterone을 분비하는데 이 호르몬은 배발육에 알맞게끔 암컷의 생식기도에 작용한다.

만약 progesterone의 분비나 그 작용에 이상이 생겨 자궁내막의 임신전증식 변화가 지연되거나 또는 전혀 일어나지 않을 때에는 배의 착상이 자연히 장해를 받게 된다.

그 외에 임신 중 모체환경이 부적당하여 폐사가 일어나는 수도 있다.

2) 자연유산

동물에 있어서 자연유산은 번식효율을 저하시키는 중요한 요인이다. 특히 젖소에 있어서는 육우, 면양, 말보다도 자주 발생한다.

이런 형태의 유산은 춘기발동기 직후나 분만 직후에 교배한 동물에 생리적 장해와 같이 각종 번식 질환에 의하여 유기된다.

3) 대사이상

번식장해에 관련한 대사이상은 크게 두 가지로 나눌 수 있다.

첫째는 신경근육계의 이상을 불러일으키는 칼슘(Ca), 마그네슘(Mg), 인(P)의 대사 장해에 관련된 경우에 이들의 증상은 주로 분만전 및 분만시에 관찰되어진다.

예를 들며 소나 돼지의 **유열(milk fever)**, 소에 있어서 비유기의 강직증(tetany), 면양의 분만병(lambing sickness) 등을 들 수 있다.

둘째는 면양에서 자주 나타나는 **임신중독증(pregnancy toxemia)**이다.

① 저칼슘증

이 증후군은 오줌 속의 케톤(ketones) 함량이 높거나 호기 중에 아세톤(acetone) 함량이 높은 것과 관계가 있다. 소는 분만전이나 분만 후에 활기가 없어지고 출산 후 24시간 내에 **저칼슘증**(hypocalcemia)을 나타낸다. 혈액 중의 칼슘농도의 저하는 자궁근층의 조절 기능을 잃고 자궁의 연동수축시에 자궁반전을 일으키기 쉽다.

② 임신중독증

면양에 있어서 이들 중후군은 임신 후기에 자주 발생한다. 이것은 **다태임신**(multiple pregnancy), 칼로리 섭취의 격변, 급격한 운동억제 등에 의해 일어난다. 임신말기에 면양을 저영양으로 사육하면 임신중독증에 걸리기 쉽다. 그 결과 모체폐사나 자양의 사망 등이 일어난다.

4) 장기재태

장기재태(prolonged gestation)는 거의 모든 동물에서 발생한다. 이 징후군은 일반적으로 두 가지 형이 있는데, 하나는 발육이 끝난 태아는 현저한 형태이상을 나타낸다. 예를 들면 후지근의 발육불량, 골격, 발굽 또는 피모와 같은 표피구조, 발육과다 등이다.

다른 하나는 외모상 성숙한 것 또는 하지 않은 것 등 여러 가지가 있지만 어느 정도 안면, 2개 및 중추신경계에 이상이 있다. 이러한 태아의 이상은 뇌수종, 무뇌기형, 대뇌반구의 융해, 편안, 뇌하수체전엽의 무형성 및 뇌하수체후엽의 형성 불충분 등으로 나타난다.

5) 태아의 미이라 변성

태아의 **미이라 변성**(mummification)은 태아의 사망, 유산의 실패, 태수의 재흡수, 태아와 태막의 탈수 및 자궁퇴축 등에 의해서 일어난다. 이것은 면양이나 말보다도 소나 돼지에서 더 많이 발생한다.

미이라 변성은 태아에 대한 혈액공급의 장해, 태반형성의 결함, 태아제대의 기형 및 임신자궁의 감염 등으로 인하여 발생한다. 미이라화 된 태아가 자궁 내에 잔류하는 것은 황체 퇴행이 억제되어 그 결과 자궁 내에 태아가 잔존하게 된다.

6) 요막수종

임신한 소, 특히 쌍태자를 임신한소에서 융모요막 내에 요막액의 과잉축적이 발생한다. 이 증후군은 태아의 모체와의 불친화성 및 태반의 기능부전에 의해서 일어난다. 자궁내막의 퇴화, 괴사하여 함몰된 태아의 크기는 현저하게 감소한다. 기능적인 궁부의 수가 감소하고 불임각은 태반형성에 관여하지 않고 임각궁 내에 대상적인 부궁부가 발달한다. 분만이 정상이든 제왕절개술에 의한 것이든지 그 후 태반은 유지된다. 다만 자궁정봉이 지연된 결과 자궁내막염이 발생할 가능성도 있다.

7) 저 수 태

발정주기가 정상이며 임상진단으로도 전혀 이상이 없는 건강한 소에서 수정률이 좋은 종모우로 자연교배 또는 인공수정을 3회 이상 실시하여도 재발정이 계속되어 수태되지 않은 상태를 **저수태**(repeat breeder)라고 한다. 수정장해와 수정란 또는 배아의 조기사멸로 구분할 수 있다.

수정란이 상실배나 배반포까지 발육하여 성주기 후반 또는 착상전 · 후에 사망하면 황체퇴행인자의 작용이 지연되므로 성주기는 연장된다. 그리고 태아가 그 이후에 사망하면 재 발정은 더 늦어지게 된다. 치료는 원인이 복잡하기 때문에 세균감염의 방지, 호르몬의 균형, 사양환경개선, 수정적기의 선택, 정액의 보관 및 융해방법 등의 단일처리 보다는 좀 더 세밀하고 복합적으로 처리방법을 강구하는 것이 보다 양호한 효과를 얻을 수 있다.

(4) 분만이상

1) 분만 전후의 사망

분만 전후의 태아사망은 분만 직전, 분만시 또는 분만 후 24시간 이내에 신생자가 죽는 현상을 말한다. 어미의 영양, 연령 및 유전적 인자들이 사망의 주요한 요인들인 것으로 생각된다. 소에 있어서 신생자의 출생시 사망은 초산 후, 웅성태아 및 Friesian이나 hereford 수소의 정액으로 수정된 송아지에 발생률이 높으나 그 정도는 전체 송아지의 5~15% 전후이다.

2) 신생자 폐사

신생자 폐사는 출생 후 2~3주 내에 폐사 발생을 말하며, 주로 영양, 유전, 환경조건 및 세균감염 등과 관계가 있다. 또한 몇 가지의 영양소 결핍은 신생자 폐사를 일으킬 수 있다. 자양과 송아지의 근병인 **백근병**은 selenium의 결핍이나 대사장해로 인하여 일어난다.

헬액 내의 마그네슘 수준이 떨어지는 결과로 나타나는 **저마그네슘증(hypomagnesia)**은 우유로 사육한 송아지를 과민하고 신경질적으로 만들고, 심한 경우에는 강직증(tetany)을 일으킨다.

3) 난 산

정상분만의 곤란과 장해를 가져오는 **난산**(dystocia)은 태아측이나 모체측 및 기계적인 원인에 의하여 일어난다.

태아성 난산은 태아의 이상태위인 두부 및 미부 자세의 이상, 과대태아, 기형태아로 인하여 일어난다. 태아로 인한 난산은 다태임신한 면양이나 소, 동복자수가 많은 돼지 등과 같은 동물에서 나타난다. 태아의 두위나 미위에 이상이 있을 때에는 만출 전에 태위를 교정해 주어야 한다.

모체성 난산은 말과 돼지에서 보다 젖소와 면양에서 더 자주 일어난다. 그리고 자궁무력, 자궁경의 경련과 불완전한 확장으로 일어나는데, 이러한 난산은 초산이나 다태임신의 동물에서 자주 발생한다. 연산도와 골반골의 기형은 난산의 잦은 원인이 된다.

여러 기형 중 산도의 협소와 태아가 산도로 진입하지 못하도록 방해하는 기형이다(선천적 기형, 자궁염전 등)

난산이 있는 다음에는 자궁정복의 지연, 후산정체, 자궁내막염 등이 발생하기 쉬우므로 주의해야 한다.

4) 태반정체

태반정체는 **후산정체**(retained placenta)라고도 하며 분만의 제3기에 배출되어야 할 태반이 정체되는 것은 모체의 자궁으로부터 태아의 융모가 분리되지 않아 발생되는 반추류의 합병증이다. 이것은 분만기를 조절하는 내분비 기전의 불일치에 의하여 일어난다는 생각된다. 즉 progesterone의 증가 estradiol-17ß의 감소 및 Prolactin 양의 감소 등이 인정된다.

소에서 12시간 이상 태반이 정체되는 것은 병적이며, 브루셀라병(Brucellosis), 태아고균성 유산증, 난산, 태아무력증, 쌍태 및 분만시 dexamethasone의 처리 등으로 인한 사산과 관계된다. 이러한 증상은 육우에서 보다 젖소에서 더 많으며 자궁회복의 지연으로 인한 우유생산과 번식장해를 가져오게 된다. 며칠 동안 태방이 정체되면 광범위한 부패가 일어나므로 항생물질의 투여와 자궁세척을 2~3회 반복하면 자궁이 정상으로 되어 발정이 재귀된다.

(5) 해부학적 및 유전학적 결함

1) 프리마틴

프리마틴(freemartin)은 소에서 많이 볼 수 있는 생식기의 기형이다. 즉 일란성 쌍태아에서 성(sex)이 다른 쌍태 중에서 생기며, 이때에는 암컷의 약 93%가 freemartin이 된다. 프리마틴의 소는 일부 생식기나 체형은 정상인 암소와 같은 모양인 경우가 많지만 자구, 난관, 난소 형성이 부전되어 있다.

또한 2란성 쌍자일 때에도 성이 다르면 두 태아의 태막혈관이 서로 융합되기 쉬우며, 태막혈관이 융합될 경우 수컷은 암컷보다 빠른 임신 40일경(암컷은 100일경)에 성 분화가 일어나 58일경에 완료되는데, 이 때 먼저 분화된 수컷의 생식선에서 분비된 androgen이 혈관을 통해 암컷에 작용하게 되므로 암송아지의 생식기는 암컷으로 발달하지 못하고 수컷으로 발달하여 암컷도 아닌 내분비성 간서의 생식기를 가지는 freemartin이 된다.

Freemartin의 임상적 진단은 음핵이 돌출, 유두의 왜소, 질의 깊이가 정상 소의 1/3밖에 안되므로 깊이 측정과 직장검사 시 자궁, 난소를 촉진할 수 없다.

2) 백색처녀우병

백색처녀우병(white heifer disease)은 백색 Shorthorn종에서 볼 수 있는 생식기의 이상으로 질이 폐쇄되어 교미가 불가능하게 되어 불임이 되는데, 이것은 외과수술로 임신이 가능하다.

3) 그 밖의 결함

생식선 및 생식도관의 결여, 난관수종, 질 협착, 자궁경 폐쇄, 요질, 중복자궁 등 해부학적 결함이 있는 개체는 불임이 된다.

산양 특히 Saanen종과 돼지에서 볼 수 있는 **간성**(intersexuality)에 있어서는 자성생식기의 선천적 기형이 있는데, 이는 freemartin과 달리 유전적 간성이며 진성반음양(true-hermaphrodite)이다.

돼지에 있어서는 한쪽이 난소이고 다른 한쪽이 정소인 위반음양은 암컷보다 수컷이 많으며 동물이 가지고 있는 생식선의 모양에 따라 분류된다.

산양의 간성은 웅형으로부터 자형까지 여러 단계가 있고, 또한 난소조직은 정소와 난소 둘 다 가지고 있는 정난소(ovotestis)도 있다.

4) 유전적 결함

번식장해와 관계있는 인자형이 원인이 되어 표현형으로 나타나는 것으로는 생식선조직의 결여, 번식적령기에 도달하기 전의 사망, 이상배우자의 생산 등을 들 수 있다.

퇴행성 변성은 결함 중에서 가장 흔히 볼 수 있는 유전적 결함으로써, 이것들의 형성 이상이 발생하는 시기에 대해서는 계속 연구 중이다.

소에 있어서 치사인자로써는 연골세포발육부전, 말단결손, 하악부전, 뇌수종, 항문폐쇄, 무모, 상피부전 등을 들 수 있다. 그 외에 동물별로 많은 치사인자가 있는데, 이것들은 번식률에 영향을 미치는 유전적 원인이 되고 있다.

(6) 영양장해

번식장해는 칼로리 섭취 및 영양 불균형의 극단적인 제한, 단백질, 광물질 및 비타민 등의 결핍 때문에 발생하는 경우도 많다.

춘기발동기(puberty) 전의 동물은 영양불균형 및 칼로리 섭취의 제한에 의해 생식기관의 발육부전이나 성성숙지연이 발생한다. 성숙동물에서도 이와 같은 제한이 있지만 무발정, 불규칙한 발정, 배란율이나 수태율의 저하, 유선발육의 지연, 배의 조기폐사, 분만전 폐사, 신생자 증가 등이 일어난다. 서양에서는 저영양에 의해 특히 번식계절 개시 전후에 무발정배란이 일어난다.

단백질의 결핍은 소나 돼지에서 저칼로리 섭취와 동일한 영향을 미친다. 단백질 결핍사료로 사육되어진 어린 소는 성장이 부진하여 성성숙이 일어나지 않아 발정징후를 나타내지 않고 난소나 자궁은 성장되지 않아 왜소하다.

저칼로리나 저단백질에 의한 번식 능력의 장해는 가역적이어서 그 후 양호한 사양조건으로 바뀌면 정상적 기능을 되찾는다.

조사료로 주로 사육되는 반추동물은 칼슘(Ca) 결핍보다도 오히려 인(P) 결핍에 걸리기 쉽다. 한편 주로 농후사료로 사육되는 돼지에 있어서는 Ca 결핍이 걸리기 쉽다. 방목 우에서 P결핍은 난소기능부전을 일으키고, 더 나아가 성성숙의 지연, 무발정 배란, 불규칙한 발정으로 되고, 결국에는 완전하게 발정을 정지한다. Ca의 과급은 P의 이용을 억제한다.

돼지나 실험포유동물에서의 Mn 결핍은 난소기능장해를 일으킨다. Mn이 결핍한 사료로써 사육되어진 소는 발정이나 임신이 지연되고, 유산의 빈도가 높아진다. 또한 이 결핍에 의해 태어난 새끼소는 지관절 굴절의 사지 기형을 나타낸다. 동(copper)이나 코발트의 결핍도 반추동물의 신생자의 생존성을 저하시킨다. 비타민 부족은 다태동물종에 있어서 감소시킨다.

예를 들면 돼지의 배란은 비타민 B12 또는 다른 미지인자의 결핍에 의해 감소한다. 비타민 A나 E의 결핍은 돼지에 있어서 불규칙한 발정, 무발정, 배발육의 지연, 신생자의 활력저해 등을 초래한다. 비타민 A가 결핍된 소는 활력이 낮은 소를 생산하기도 하고, 태아의 흡수, 태아의 기형 등을 일으키면 또 세균감염을 쉬운 질의 젤라틴(gelatin)화를 일으킨다.

2. 수컷의 번식장해

동물번식의 방법이 자연교배에서 인공수정으로 바뀌어 이것이 보급됨에 따라 수컷의 번식장해에 관해서 관심이 높아지고 그 중요성이 인식되어졌다.

특히 최근에는 혈통과 체형이 우수한 고능력 소는 많은 암컷의 인공수정에 고도로 이용되기 때문에 만약 수컷에 번식장해가 일어나면 이것이 미치는 영향은 클 뿐만 아니라 암 · 수 자체도 고가이기 때문에 이것을 도태 또는 갱신하는 데는 손실이 크다.

암컷의 경우와 마찬가지로 수컷의 번식현상도 주로 생식선자극호르몬과 생식선호르몬에 의하여 지배된다. 그러나 이러한 내분비의 상호관계와 그 기능상의 통합기전은 수컷의 번리생리의 특수성 때문에 암컷과 같이 제대로 규명되어 있지 않다. 수컷에 있어서 번식장해의 원인은 유전, 해부, 환경, 영양, 병리 및 면역학적 요인 등이 직접 또는 간접적으로 관계되고 있다.

(1) 정자형성상의 장해

인공수정이 고도로 발달된 오늘날 수컷의 사양목적은 우량한 정액을 얻는데 있다. 그런데 수컷의 **정자형성**(spermatogenesis)은 그 과정 중 여러 단계에서 각종 요인에 의해서 장해를 받는다.

1) 춘기발동기의 지연

수컷이 번식 가능한 연령은 종과 품종에 따라 다름은 물론 같은 품종 내어서도 개체에 따라서 상당한 변이가 있다. 동일품종 내어서는 연령보다도 체중과 밀접한 관계가 있다.

즉 돼지에 있어서 생후 6개월이 지나 체중이 70~75kg 이상 되어야만 정자형성이 완성된다. 그러므로 사양관리에 따라서 종모동물의 체중과 춘기발동 도달 시기는 크게 영향을 받는다.

2) 기 후

품종에 따라서 다르겠지만 여름철에 면양의 정자 생산성이 저하하는 것은 고온환경이 주원인인 것 같다. 그러나 테스토스테론(testosterone)의 생산은 다른 계절과 거의 같은 수준으로 유지된다.

고온환경은 형태적인 면에서 이상정자의 발생률을 증가시킨다. 면양에 있어서는 암컷이 계절번식하는 동물이기 때문에 정자의 수정능력에 관해서는 완전히 알려져 있지 않다. 그러나 암컷이 번식계절에 들어가기 직전에 수컷을 고온환경하에서 사양하면 번식계절에 들어간 다음에도 초기의 수태율이 저하하는 사실로 보아 정자의 수정능력도 고온에 의해 장해를 받는 것 같다. 정소의 온도가 높을 때 정자의 수정능력도 고온에 의해 장해를 받는 것 같다.

정소의 온도가 높을 때 정자의 수정능력이 저하한다는 점은 모든 동물에서 볼 수 있는 공통적인 현상이다

소에 있어서 사출정자수는 계절에 따라 다르다. 특히 고온다습한 여름철에는 총정자수가 감소하는 경향이 있다. 같은 시기에 사출된 정자수에 있어서 변이가 정자형성 활동을 어느 정도 반영하고 있는가에 대해서는 알려지지 않았다. 그러나 소의 경우 정액성상의 계절적 변이는 번식효율에 거의 영향을 미치지 않는 것 같다.

3) 잠복정소

잠복정소(cryptorchid)는 정소가 음낭(scrotum) 내에 하강하지 않고 복강 내에 머물러 있는 것을 말하며 양축성인 것과 편측성인 것이 있는데, 이것은 하강하지 않는 정소의 배아상피는 정상적으로 발육하지 못하며, 따라서 정상적인 정자형성도 이루어지지 않는다.

잠복정소는 면양이나 소보다도 말이나 돼지에서 자주 발생한다. 돼지의 음고는 대부분 복강음고이지만 말의 음고는 서계음고가 많다. 이와 같이 동물에 있어서 정소하강이 장해를 받은 원인으로는 보통 유전적 요인이라고 생각되지만 아직 분명하게 구명되지 않았다. 복강외 정소를 한 개라도 가지고 되면 그 수컷은 번식이 가능하지만, 이러한 수컷은 번식용으로 사용해서는 안 된다.

4) 정소형성과 발육의 불충분

배아상피의 세포증식이 정상 이하로 내려가는 것을 정소형성 불충분이라고 한다. 이러한 이상은 정소가 작고 딱딱할 때에는 외관으로도 판단할 수 있다. 그러나 작지만 정상적인 경도의 정소와 크기, 경도가 정상적인 정소에 있어서도 함께 볼 수가 있다. 정소형성 불충분은 유전적 요인에 의하든가 또는 비타민 A나 조사장해의 결과로 생긴다. 스웨덴 산악종의 소에서 정소형서 불충분은 백모색과 연관해서 불완전 열성유전자에 의해 발생한다. 정상형성 불충분과 번식불능의 정도의 변이가 있고, 또한 정소가 1개만 기능적으로 이상인 경우는 좌측정소에서 발생한다.

가벼운 정소발육 불충분은 정자의 생산이 감퇴하고 더 나아가서는 그 수컷으로부터 태어나는 자손의 수를 감소시키게 된다. 정자의 형성능력은 동일종의 어린 수컷 사이에서는 정소의 크기에 대단히 밀접한 관계가 있다. 노령의 수컷에서는 정소의 크기와 생성된 가지의 퇴화변성 때문일 것 이다. 일반적으로 정소가 크고, 좌우의 크기가 같고, 탄력성이 풍부하며, 음낭의 끝이 비절의 끝마디까지 하수해 있는 것이 그렇지 않은 정소에 비하여 정자의 기형률이 낮고 활력이 왕성한 정액을 생산한다.

5) 정소의 퇴화

정소의 퇴화는 정소의 극히 한 부분에서 퇴화가 생기는 경우에서부터 배아상피가 완전하게 파괴되는 경우까지의 여러 단계가 있다. 정소의 퇴화는 그 동물 생애의 어떤 시기에 있어서는 정소가 본질적으로 정상적인 기능을 수행하고 있었음을 의미한다.

그 최종단계는 섬유화가 일어나며, 정소의 외관은 작고 탄력성이 없어지며 상당히 딱딱해진다. 퇴화시 최초의 징후는 사출된 정액 중에 있어서 이상정자수의 증가, 정자의 운동성의 저하 및 정자의 수가 감소한다. 그러나 퇴화하고 있는 정소가 정상적인 정자를 생산하는 수도 있다. 장소의 퇴화는 정소염 또는 정소상체염에 의해 온도상승의 결과로 생긴다.

병원체의 침입에 의해 정소염과 정소상체염이 일어났지만, 이들 염증과 미생물을 직접적으로 결부시켜 생각하는 것은 반드시 타당하다고는 볼 수 없다. 간질세포에 종창이 생긴 소는 수정능력이 낮은 정액을 생산하는 경우가 많다.

노령 소에 있어서 정소의 퇴화는 부신피질 비대와 관계를 갖는 것도 있고, 또는 간질세포의 종창을 동반하는 경우도 있다. 퇴화의 정도는 증상에 따라 현저하게 다르다. 정자수가 감소하고, 기형률은 현저하게 높아지고, 수정 능력도 저하한다.

6) 종모동물의 연령

종모동물의 번식능력은 일반적으로 춘기발동기(puberty)에 도달한 후 급속도로 상승하고, 그 후 연령이 많아짐에 따라 점차 저하한다. 번식능력에 미치는 연령의 영향은 동물종, 품종 및 개체에 따라 다르지만 일반적으로 해마다 장해가 증가하는 경향이며, 정액성상도 점점 나빠지는 경향이다. 정자형상능력이 정상적으로 이루어진다고 하더라도 수정 능력은 연령의 증가에 따라 서서히 저하된다.

(2) 부생식기의 기형과 기능 불충분

선천적 기형, 퇴행성 질병 및 전염성 미생물에 의한 병적 변화는 부생식기의 모든 부위에서 발견할 수 있다. 그러나 이와 같은 기형의 발생은 적고, 번식에 대한 악영향에 관해서는 다음에 말하는 몇 개의 예에 관한 것 이외는 아직 밝혀져 있지 않다.

정소상체, 정관 및 정낭선의 염증은 때로는 정액성상과 수정능력의 저하의 원인이 된다. 부생식기의 염증의 대부분은 전염성 미생물에 의한 것이지만, 그 원인이 되는 요인은 분이할 수 없는 경우도 있다. 물리적인 외상은 이들 구조에 있어서 염증의 대표적인 원인이다. 정낭선염은 소와 말에서 상당히 빈번히 발견되지만, 이것도 아마 이들 동물에 있어도 직장검사(rectal palpation)가 자주 실시되기 때문일 것이다. 정낭선염은 정자의 두부와 미부를 분리시키는 원인의 한 가지이다.

저 영양에 의한 사육은 부생식선에서 분비되는 정장 중에 함유되어 있는 과당, 구연산, 그 밖의 유기화합물의 양을 현저하게 감소시킨다. 적어도 돼지에서의 그 분비량의 감소는 수정능력에 악영향을 주지 않는다. 부생식선의 분비가 극단적으로 높아짐에 따라 정액량이 많아져 정자농도가 평균보다 감소한 소의 번식 능력은 약간 낮아진다.

(3) 정액과 정자의 이상

1) 정액의 이상

정액검사에 의하면 불임이거나 번식효율이 나쁜 종모동물을 발견하는 일이 가끔 있다. 정액을 검사할 때에는 몇 가지 점을 주의해야 한다. 첫째는 정액성상으로 그 개체의 번식능력의 전부를 평가할 수는 없다는 것과 둘째는 정액의 채취간격과 채취방법이 적당하지 못할 때에는 그 개체의 참된 정액성상을 판단할 수 없다는 점이다

정액성상의 이상으로는 무정액증, 무정자증, 정자감소증, 정자무력증 및 정자사멸증 등을 들 수 있다. 이러한 이상은 조정기능의 장해, 정소상체의 이상, 정관폐쇄 및 부생식선 분비액의 이상 등의 원인이 되어 발생하는 것으로 정액을 현미경 하에서 검사하면 정자수, 정자생존율, 정자활력 및 정자형태 등에 이상이 인정된다. 어느 종모동물의 정액에 이러한 이상이 있을 때에는 비록 그 개체의 성욕과 교미능력이 정상적이라도 수태능력이 현저하게 저하되거나 아니면 수태능력이 완전히 상실된 번식불능증에 빠지게 된다.

2) 정자의 이상

정자의 형태이상은 그것이 정자형성과정에서 생겼다고 간주되면 제1차적 기형과 웅성생식기도를 통과할 때와 체외에 사정된 후 처리과정에서 생기는 것이라면 제2차적 기형으로 구별되어진다. 원래 모든 동물의 정액은 수 퍼센트(%)

이상의 기형정자를 내포되고 있는 것이 보통이다. 보통 12~15% 이하의 이상정자율이라면 혹은 어떤 종류의 이상정자가 특히 많은 수를 차지하고 있지 않은 한 번식능력은 저하를 받지 않는다.

원구상 정자로 해서 알려진 두모(acrosome cap)의 결함은 소에서는 불임과 관계가 있고, 어떤 품종에 있어서는 발생률이 높은데 이것은 유전적 원인에 의한 것이다. 원구상 정자는 돼지에 있어서도 불임의 원인이 되지만, 이것은 생리적 장해는 정자가 난자 내에 침입하지 못하기 때문인 것으로 생각된다. 두모의 결함은 전자현미경에 의해 한층 더 명확해진다. 두부와 미부의 분리는 어떤 품종의 불임동물에서 전체 정자에서 나타날 수 있는 결함이다. 정액시료에 따라서는 처음에는 정상이었던 정자가 생체외에서의 일반처리 동안에 경부에서 전달되는 수도 있다.

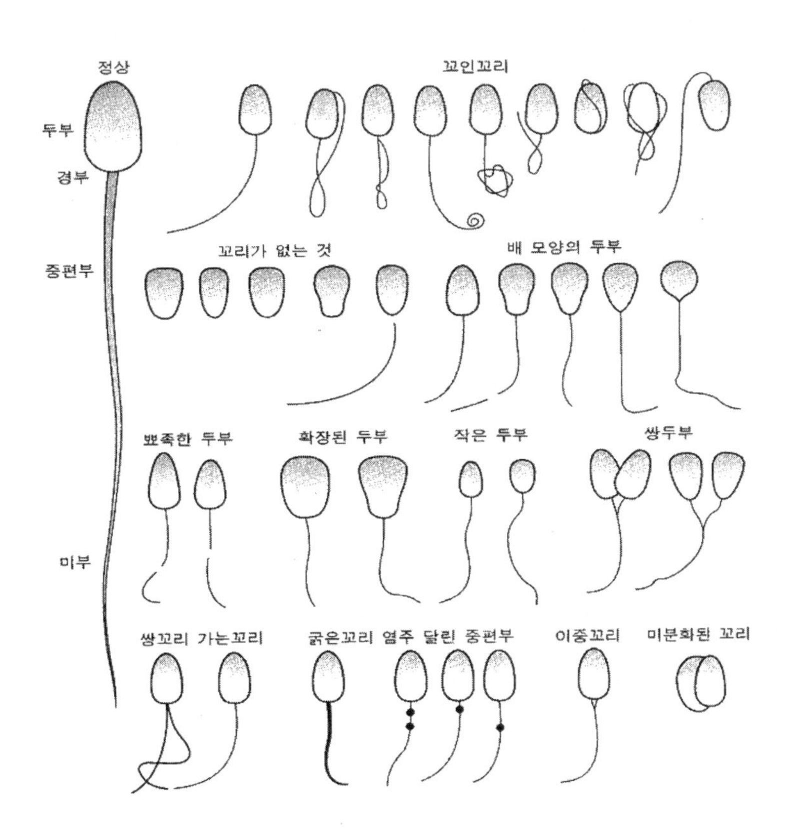

기형 정자의 분류

(4) 교미장해

척수의 요추부에 위치하고 있는 신경중추는 음경의 발기와 사정의 반사기능을 지배한다. 또 동물의 성행동은 대뇌피질을 거쳐서 전달되는 자극에 의해 시작된다. 따라서 이러한 기능이 제대로 수행되지 않을 때에는 교미장해가 일어난다.

1) 교미욕 감퇴

교미욕 감퇴는 종모동물의 번식장해 중에서 가장 많은 것으로써 발정암컷에 대해 전혀 관심을 나타내지 않는 것부터 승가하는데 오랜 시간이 필요한 것, 교미욕이 있어 승가해도 음경이 발기하지 않은 것, 발기해서 음경의 삽입은 되나 사정하지 않은 것, 사정까지에 오랜 시간이 필요한 것 등 여러 가지 정도의 것이 포함되어 있다.

2) 발기불능증

발기불능증에는 선천적인 것과 정신적 원인에 의한 것이 있다. 선천적인 것으로 해서는 음경의 발육부전으로 단소한 경우와 음경후인근의 신장부전에 의한 음경의 신전 또는 S자상 만곡으로 신장이 저해되는 경우가 있다. 전자의 경우는 정도가 가벼워 음경이 어느 정도 돌출할 수 있는 것은 인공질을 사용해서 정액을 채취하는 것이 가능하지만, 정도가 무거운 것은 치료될 가망이 없다. 후자의 외과적으로 항문과 음낭 기부의 중간위치에서 음낭후인근을 절제하는 방법이 있지만, 그 효과는 반드시 있다고는 할 수 없다. 정신적인 발기불능증으로써는 과거에 교미 또는 정액채취 때 음경에 상처를 받았거나, 암컷에 차였던 경험에서 나오는 경계나 공포심에 의해 나온 것도 있다. 이 경우는 장기간 휴지시킨 후에 발정 암컷에 접촉시켜서 충분히 흥분시키면 재차 발기가 가능하게 되어 회복하는 수가 있다.

3) 헤르니아와 복부비대

소와 말의 복벽 **헤르니아**(hernia)는 교미를 방해한다. 어린 소의 배꼽헤르니아는 외과적으로 교정할 수 있으나, 이와 같은 종모동물은 그 상태를 양성의 자손에게 전달하기 때문에 번식에 공용하지 못한다. 복벽헤르니아는 돼지에서 많이 나타나며 유전적이다.

노령우 특히 저지(Jersey)종에서는 복부가 비대해서 삽입이 곤란하게 된다. 이와 같이 종모동물은 정소 자체에는 변화를 가져오지 않는다고 하더라도 교미장해가 되고 간접적인 불임이 된다.

4) 표피와 음경의 결합

포경, 귀두포피염, 포피 또는 음경의 상처 및 종양 말에서 볼 수 없는 음경마비에 기인된 음경설, 발기시에 음경이 아래 위로 만곡하는 음경만곡증, 포피 및 음경의 종양 등은 교미불능을 초래한다.

5) 기타의 요인

체중이 큰 수컷은 보통의 체중을 가진 수컷보다 교미하는데 오랜 시간이 걸리며, 이러한 개체는 피로해지기 쉽고 교미 시에는 최초의 시도에 실패하면 단념해 버린다. 대체로 비만한 수컷은 고온다습과 같은 환경적 스트레스가 가해지면 성적 관심이 현저히 저하되는 경향이 있다. 기타 후지나 척추의 관절염, 부제병, 제동통, 골절, 건염 등도 교미장해의 원인이 된다.

(5) 수정과 배발생의 장해

배의 폐사나 태아 사망은 그 원인의 대부분이 모체측에 있으나, 수정장해나 배폐사 중에는 수컷 쪽에 그 원인이 있는 경우도 있다. 예를 들면 수컷의 성병은 수정과 배발생을 저해한다. 이와 같이 수정이나 배발생의 장해는 생각하고 있는 것보다 더 많은 원인이 수컷 쪽에 있을 가능성도 없지 않다.

1) 노화정자

액상정액의 수정능력은 보존기간의 경과와 더불어 서서히 저하한다. 이러한 경향은 면양, 말 및 돼지 등의 정액에서는 더욱 뚜렷하다. 이러한 저하는 정자가 노화함에 따라 일단 수정이 이루어져도 배의 조기폐사가 증가하기 때문인 것으로 해석된다. 그 원인은 액상정액을 보존하는 동안 정자로부터 DNA가 누출되는데 있다. 그러므로 가급적 신선한 액상정액을 사용해야 한다.

2) 면역학적 요인

소·면양 및 돼지의 혈청은 정자를 응집시키는 항체를 가지고 있다. 그런데 암컷 생식기도 내에 침투한 혈청의 항체가 수정장해를 일으키는 요인이 되고 있다. 이것은 정자나 정장이 항원성을 가지고 있기 때문이다.

3) 유전적 요인

정자에 의하여 운반되는 치사인자가 수정 장해나 배폐사의 원인이 될 가능성도 없지 않다. 수컷이 다수의 자손을 생산할 경우, 자손의 성비가 기대치 1:1과는 상당히 차이가 있는 구가 있다. 물론 제1차 성비 즉 수정시의 성비는 알 수 없다. 그러나 제2차 성비, 즉 생시의 성비가 기대치와 일치하지 않은 것은 어느 한쪽 성의 배폐사에 관계하는 정도가 수컷에 따라 다르다는 것을 시사한다.

(6) 영양장해

1) 섭취열량

에너지의 과잉섭취는 조금 섭취하는 것과 마찬가지로 수컷의 번식능력에 유해하고, 특히 수정능력에 비추어 본다면 이것은 수컷의 정자형성능력에 큰 피해를 준다.

성우에 대해 일년간 극단적인 제한급사를 행하면 정자수가 현저하게 감소한다.

일시적인 칼로리 섭취부족은 적절한 사양조건으로 바뀌면 다시 정상으로 회복되지만, 어린 소가 오랜 기간 계속해서 저영양으로 사육될 경우에는 회복불능의 피해를 본다.

이 피해는 정소의 크기, 정자 생산 및 보충능력에 나타난다. 더욱이 이것들이 비타민 A의 결핍 및 계절적인 악영향과 결부된 때에의 저영양은 면양의 정자생산을 저하시킨다. 에너지 및 단백질 섭취를 크게 제한하면 면양의 정소의 테스토스테론(testosterone) 생산 및 정자형성의 기능이 저해된다.

고온 환경하에서 과비와 영양과다의 사양은 면양을 일시적으로 불임시킨다. 면양은 음낭이 양모에 쌓여져 있어 그에 의하여 온도가 상승하기 때문에 과비는 다른 동물의 경우보다는 한층 심한 불임문제로 된다. 1세가 되지 않은 돼지를 저영양으로 사양하면 체구의 크기, 정소중량 및 정자형성 기능이 제한을 받는다. 그 후에 충분한 사양을 하면 정자형성은 다시 개시되고, 체구의 크기나 정소의 크기 등이 정상으로 회복된다. 성숙한 돼지를 극단적인 저영양으로 사양하면 부생식선의 분비량은 감소하지만 정자생산 감소를 느낄 수 있을 정도의 악영향을 받지 않는다.

2) 단 백 질

춘기발동기(puberty)의 소에서는 단백질 섭취량을 6개월 동안 극단적으로 제한 한 경우 정자의 생산능력은 정상수준의 단백질 섭취의 것보다도 낮아지지만 수태율은 저하되지 않는다. 면양에 있어서 단백질과 에너지의 극단적인 섭취 저해는 정소의 테스토스테론(testosterone) 생산과 정자형성을 현저하게 감퇴시킨다.

3) 비타민과 광물질

면양에 있어서 계절적 변화와 비타민 A의 결핍을 함께 하면 정액 생사능력은 현저히 악화된다. 특히 정자의 두부가 분리되는 기형이 많아지고 세정관의 배아상피가 퇴화한다. 비타민 E의 결핍은 조정기능을 저하시켜 불임의 원인이 된다.

망간(Mn), 몰리브덴(Mo) 및 아연(Zn) 등과 같은 광물질의 감퇴를 유발한다.

3. 전염성 번식장해

(1) 세균성 감염증

생식기의 세균성 감염증은 동물의 번식장해의 원인으로 대단히 중요한 것이다.

모든 수컷은 번식기능의 원인이 되는 세균의 보균자인 동시에 전파자가 될 수 있다. 이들 동물은 다른 감염동물과 접촉하기도 하고, 감염된 환경에서 사육되기도 하여 감염된다. 병원세균은 하등의 증상을 나타내지도 않고 숙주의 포피나 생식기에 생존하는가 하면 때로는 이상을 일으켜 번식을 불가능하게 하기도 한다. 또 감염된 수컷의 교미를 하면 다른 암컷에게 병원세균을 전파하게 된다.

수컷과 마찬가지로 모든 암컷도 질 내에 세균을 보유하고 있다. 이 세균은 병원성 또는 비병원성 균을 막론하고 어떤 증상을 나타내지 않고 존재하는 것이 있다.

이들 세균은 종부시 수컷에게 전파되며, 또한 비위생적인 생식기 검사나 인공수정에 의하여 다른 암컷에게 전파한다. 자궁경련은 질과 자궁을 구분해서 자궁감염의 장벽 역할을 한다. 그러나 이러한 기능과 생리적 방어능력에도 불구하고 세균이 침입하여 감염되는 수가 있다.

동물 중에서 소는 특수한 생식기 전염병에 걸리기 쉬우며, 또한 다른 동물에 비하여 경제적 가치가 크기 때문에 이 문제는 중요한 문제로 되어 있다. 그래서 이 절에서는 소를 중심으로 하여 전염성 번식장해를 고찰하기로 한다.

1) 브루셀라병

브루셀라병(Brucellosis)은 브루셀라균이 동물이나 사람에게 감염할 경우에 일어나는 급성 또는 만성의 전염병이다. 브루셀라균에는 주로 소를 침해하는 *Brucella abortus*, 돼지에 침해하는 *Br. suis*, 면양에 침해하는 *Br. melitensis* 의 3가지 형이 있다.

이 병의 감염경로는 이 균에 감염된 사료나 물을 매개로 한 경구적인 것이 주이지만, 피부나 눈 등 전신의 어느 곳으로도 침입한다. 또는 감염수컷과 교미하는 것에 의하여 직접 자궁감염이 발생하는 일도 있다.

이 균에 감염되면 우선 국소 임파선에서 증식해서 다음에는 체내로 이행하지만, 임신동물에서는 이 균은 태반에서 증식해서 모태반과 태아태반 사이의 결합을 파괴하고 태아의 혈액장해를 일으켜 유산을 초래한다. 소에 있어서는 주로 임신말기 7~8개월에 유산한다.

유산태아나 유산 후 오로에는 이 균이 무수히 존재하고, 유산한 소의 자궁 내에는 유산 후 30~60일이 지나서 이 균이 나타난다. 젖소에 감염하는 경우 우유중에 이 균이 배출되기 때문에 인체감염이 발생하는 수도 있다. 감염된 수컷은 이 균이 정낭, 정소 매에 영구히 존재하여 정액 중에 배출된다.

2) 비브리오병

비브리오병(Vibriosis)은 Vibrio foetus라고 하는 세균의 감염에 의해서 불수태를 일으키고 임신우에서는 유산을 일으키는 소의 전염성 생식기 질환으로 대부분은 감염수컷에 의해 교미 및 이 균에 오염된 정액에 의한 인공수정에 의해 감염된다.

3) 렙토스파이라병

소의 렙토스파이라병(Leptospirosis)은 여러 가지 종류의 혈정형균에 의하여 발생한다. 즉 *Leptospira pomona, L, grippotyphosa, L, australis* 및 *L, hebdomadis*이다. 이 병은 1935년 소련의 과학자들에 의하여 처음으로 기록되었으며, 전세계적으로 발생한다.

Leptospira는 감염한 동물의 신장에만 국소적으로 존재하기 때문에 오줌을 통하여 배출된다. 따라서 오줌에 의하여 오염된 물체와 접촉함으로써 감염된다. 이 병이 교미에 의하여 감염된다는 보고도 있으나, 그 빈도는 분명하지 않다.

(2) 진균성 감염증

소에 있어서 대표적인 진균성 감염증으로는 진균성 유산을 들 수 있다.
소의 진균성 유산은 생식기의 진균감염에 의하여 발생되는 특이한 생식기병이다. 병원이 되는 진균으로는 적어도 18종이 보고되고 있으나, 그 중 가장 일반적인 것은 Aspergillus속과 Absidia속이다. 진균성 유산에서 흔히 볼 수 있는 것은 *Aspergillus fumigatus*로써 진균감염으로 판정된 피검재료의 약 60%가 본 균의 보유자임이 판명되었다.

(3) 바이러스 감염증

바이러스가 원인이 되어 발생하는 생식기병은 그 종류가 많고, 동물의 번식장해를 일으키는 경우도 많다
이들 질병에 대해 전부 소개할 수 없기 때문에 그 중에서 고와 관련된 중요한 것만 소개하기로 한다.

1) 소의 유행성 유산

소는 일반적으로 바이러스의 감염에 의해서 뇌배수염, 패렴, 늑막염, 장염 등을 일어나는 것으로 알려져 있지만, 경우에 따라서는 유산 또는 자궁내막염이 일어난다고도 한다.
이 병은 육우에서 가장 흔히 발생한다. 이 병 소를 산록의 저지에서 방목하고 있을 때에 자주 발생하므로 산록유산이라고도 한다.

2) 과립성 질염

소의 과립성 질염은 음순과 질의 감염증으로써 널리 만연되고 그 원인은 불명한 채로 남아 있다.
이 병은 아마 비특이적인 것으로 바이러스, 헤모필러스균(Hemophilus sp.)

및 쌍구균 등을 비롯한 몇 종의 원인에 의하여 발생하는 것으로 생각된다.

Afshar 등(1996)은 그들의 연구 결과로부터 *Mycoplasma bovigenitalium* 을 들고 있다. 본병의 원인이 되어 번식불능에 빠진 개체나 우군에는 적절한 치료를 받으면 다시 수태하게 된다. 병변이 심한 우군은 임신율이 10%나 떨어지는 수가 있다

(4) 원충 감염증

원충(protozoa)은 동물계의 최하등문으로 간주되고 있다. 단세포로도 독립하여 생활을 영위할 수 있는 모든 동물이 이에 속한다. 모든 원충세포는 세포질과 꽤 큰 핵을 가지고 있다. 토양, 지표수, 식음, 인간이나 동물의 소화관은 사물기생성의 원충으로 충만되어 있다. 이들 중 소수가 기생하는 습성을 가지고 있으며 극소가 기병성이 있다. 인간이나 동물에서 발생하는 상당수의 중요한 질병이 병원성 원충에 의하여 유기된다.

1) 소의 트리코모나스병

트리코모나스병(Trichomoniasis)은 소의 생식기병으로 *Trichomonas foetus* 라고 하는 원충에 의해서 발생하는 생식기 전염병으로써 이것에 감염이 되면 임신한 소에 서는 임신 초기에 유산이 일어나고, 그 외에 질염, 경관염, 자궁내막염 또는 자궁축농증을 일으켜서 불임증으로 된다. 수컷에서는 음경 및 포피의 점막에 염증이 일어나지만 무증상감염의 것이 많다.

2) 톡소플라즈마병

이 병은 톡소플라즈마 원충(*Toxoplasma gondii*)의 감염에 의한 인수공통전염병이다. 특히 암면양에서는 생식기 감염증으로 나타내며, 기타 동물의 뇌염, 폐렴 및 신생자 사망 등으로 나타나다.

참고 문헌

1. 동물번식학, 고대환외 (2003), 선진문화사
2. 동물인공수정과 수정란이식, 서경덕외 (2005), 선진문화사
3. 동물유전공학, 박용호외 (2003), 한진
4. 애견번식학, 박우대외 (2005), 21세기사
5. 애완동물사육, 안제국 (2005), 부민문화사
6. 축산 종합실습, 안제국 (2004). 청주농업고등학교
7. 애견 번식생리학 , 정덕수외 (2004), 삼영출판사
8. 동물생리학, 강봉균외 (2007), 라이프사이언스
9. 수의축산신문
10. 스타생명과학, 홍영남외, (2005), 라이프사이언스
11. 인체를 지배하는 메커니즘, (2007), 뉴턴코리아
12. 성을 결정하는 X와Y, (2007). 뉴턴코리아
13. 인체21세기해부학, (2006), 뉴턴코리아
14. 애완동물 고양이. 김상근 (2003), 충남대학교출판부
15. 동물자원학개론. 김계웅, (2003). 선진
16. 동물행동의 이해와 응용. 임신재, (2005). 라이프사이언스
17. 애완동물. 강민수, (2001). 선진
18. 애완동물자원학. 김옥진, (2007). 도서출판 천지
19. 애완동물학. 김옥진, (2012), 동일출판사
20. 인간과 동물의 유대. 김옥진, (2012), 동일출판사
21. 동물영양과 사양관리. 김옥진, (2012), 동일출판사
22. 실험동물학개론. 김옥진. (2011), 동일출판.
23. 반려동물행동학. 김옥진, (2011), 동일출판.
24. 병원미생물학개론. 김옥진, 정태호. (2012), 문운당.
25. 유전학 입문-분자적 접근. 김옥진. (2013), 월드사이언스. 2013.
26. 동물해부생리학 개론. 김옥진. (2014), 범문에듀케이션.

「부록」

표 1. 번식과 관련이 있는 호르몬

분비장기명	호르몬	주작용
하수체전엽	난포자극호르몬(FSH) 황체형성호르몬(LH 또는 ICSH) FSH+LH 프로락틴(Prolactin) 또는 황체자극호르몬(LTH)	난포성숙, 정자형성의 촉진 웅체호르몬의 분비촉진, 배란 발정호르몬의 분비촉진 황체호르몬의 분비촉진, 비유촉진
하수체후엽	옥시토신(oxytocin)	분만 시 자궁수축, 유즙분비
난소	에스트로겐(estrogen) 프로게스테론(progesterone) 리랙신(relaxin)	자성부생식기의 발달, 제 2차 성징의 발현, 유방발달, 암컷의 성행동 착상, 임신유지, 암컷의 성행동 정지, 유선자극, 자궁경관과 치골봉합의 이완, 자궁수축의 저지 자궁경관, 질 이완, 산도 형성
정소	테스토스테론(testosterone)	웅성부생식기의 발달, 제 2차 성징의 발현, 수컷의 성행동, 정자형성의 자극
태반	융모막성 성선자극호르몬(HCG) 임마혈청성 성선자극호르몬(PMSG) 에스트라디올┐ 프로게스테론┤ 리랙신 ┘	LH와 같은 작용 FSH와 같은 작용 난소와 같음

표 2. 번식호르몬 방출인자

인자(호르몬)	작용	인자(호르몬)	작용
FSH-RF	FSH 방출촉진	CRF	ACTH 방출촉진
LH-RF	LH 방출촉진	STH-RF	STH 방출촉진
PIF	prolactin 방출억제		

표 3. 번식에 간접적으로 관여하는 호르몬

내분비선	호르몬	작용
하수체전엽	성장호르몬(STH) 갑상선자극호르몬(TSH) 부신피질자극호르몬(ACTH)	체성장, 단백질 합성 갑상선 자극(thyroxin분비와 옥도 섭취) 부신피질자극(부신피질호르몬분비)
하수체후엽	vasopressin 또는 항이뇨호르몬(ADH)	수분평형
갑상선	thyroxin triiodothyronine	체성장(발육과 성숙) 탄수화물, 단백질, 지방의 대사
부신피질	thyroxin 17-hydroxycorticoid (cortisone, cortisol, corticosterone)	전해질과 수분의 대사 탄수화물, 단백질, 지방의 대사
췌장	insulin	전해질과 수분의 대사 탄수화물, 단백질, 지방의 대사
부갑상선	parathormone	칼슘과 인의 대사

표 4. 동물의 성성숙 월령과 체중

동물종	月(월)령	체중(g)
마우스	2	20~35
랫드	2~3	♀ 200, ♂ 300
햄스터	2	95~120
기니픽	3~5	500~550
토끼	♀ 5~6, ♂ 6~7	♀ 4,000, ♂ 3,500
밍크	10	-
원숭이(Rhesus monkey)	♀ 18~30, ♂ 36~48	♀ 3,500, ♂ 6,000
침팬지	108	♀ 30,400, ♂ 37,200
페렛	5~7	-
친칠라	8	500
고양이	7~10	♀ 2,500, ♂ 3,500
개	♀ 9~14, ♂ 10~13	다양함

표 5. 동물의 성주기 배란의 유형

동물종	주기의 유형	계절	성주기(일)	발정주기	배란의 유형
마우스	多(다)발정	주년(연중)	4~5	9~20시간	자연배란
랫드	多(다)발정	주년(연중)	4~6	9~20시간	자연배란
햄스터	多(다)발정	주년(연중)	4	4~23시간	자연배란
기니픽	多(다)발정	주년(연중)	16~19	6~15시간	자연배란
토끼	多(다)발정	주년(연중)	15~16	1개월	교미배란
밍크	多(다)발정	2~4월	8~9	2일	교미배란
페렛	多(다)발정	4~8월	-	-	교미배란
친칠라	多(다)발정	11~5월	30~50	2일	자연배란
원숭이 (Rhesus monkey)	多(다)발정	주년(연중)	23~33	-	자연배란
침팬지	多(다)발정	-	37	-	자연배란
고양이	多(다)발정	봄~가을	15~28	4~10일	교미배란
개	單(단)발정	봄~가을	22	7~13일	자연배란

표 6. 동물의 배란시간, 난자 생존력 및 난자수

동물종	배란시간	난자 생존력(시간)	난자 수
마우스	발정개시로부터 2~3시간	10~12	6~12*
랫드	발정개시로부터 8~11시간	10~12	10~15*
햄스터	발정초기	10	1~12
기니픽	발정개시로부터 10시간	20	2~4
토끼	교미 후 10시간	8	10*
밍크	교미 후 42~50시간	-	8~10
페렛	교미 후 30시간	30	5~13
친칠라	-	-	1~5
원숭이 (Rhesus monkey)	월경개시로부터 11~15일	≪24	1
침팬지	월경개시로부터 22~28일	-	1
고양이	교미 후 24~36시간	-	4~6*
개	발정개시 가까이	-	8~10*

* 변이폭이 큼

표 7. 실험동물의 배란수

동물종	배란수	동물종	배란수
마우스	6~12*	페렛	5~13
랫드	10~15	친칠라	1~5
햄스터	1~12	Rhesus monkey	1
기니픽	2~4	침팬지	1
토끼	10*	고양이	4~6*
밍크	8~10	개	8~10*

* 변동이 큼

표 8. 동물의 임신기간

동물종	임신기간일	동물종	임신기간일
마우스	19~20	Rhesus monkey	156~180
랫드	21~23	침팬지	223~249
햄스터	16	페렛	42
기니픽	65~70	고양이	56~65
토끼	26~36	개	58~63
밍크	40~75	친칠라	105~111

표 9. 동물의 산자수

동물종	산자수	동물종	산자수
마우스	4~8	Rhesus monkey	1
랫드	6~9	침팬지	1
햄스터	5	페렛	5~13
기니픽	1~6	고양이	1~8
토끼	1~18	개	4~8
밍크	4~10	친칠라	1~4

표 10. 동물의 번식에 대한 개요

	마우스	랫드	기니픽	토끼	햄스터
성숙 웅 체중	20~40g	200~400g	1~1.2kg	4~5kg	90~120g
성숙 자 체중	25~90g	250~300g	0.85~0.9kg	4~6kg	95~140g
출생 시 체중	1.5g	5~6g	90g	60g	2g
웅 번식연령	50일	100일	3~5개월	6~7개월	2개월
자 번식연령	35~60일	100일	1~5개월	5~6개월	2개월
웅 번식체중	20~35g	300g	550g	4kg	85~100g
자 번식체중	20~30g	200g	550g	4kg	95~100g
성주기	4~5일	5일	16.5일	-	4~5일
발정기간	10시간	13~5시간	6~11시간	계속적	20시간
배란시간	발정개시 후 2~3시간	발정개시 후 8~10시간	발정개시 후 10시간	교미 후 10~11시간	발정개시 후 8~12시간
배란형	자연배란	자연배란	자연배란	교미배란	자연배란
임신기간(일)	19(17~21)	21(20~22)	68(65~71)	31(30~32)	16(15~17)
이유령	3주	3주	3.5주	8주	3주
이유 시 체중	7~15g	40~50g	250g	1.5kg	35g
산자수	11	8~12	1~6	1~18	6~10
자 번식수명	6~10産	1년	4~5년	1~3년	1년
웅 번식수명	1.5년	1년	≫5년	1~3년	2년
웅 한 마리당 암컷의 교배수	3	4	3~10	9	8

	밍크	친칠라	고양이	개	원숭이
성숙 웅 체중	1.8kg	400~500g	3.5~4.0kg	14~18kg	12kg
성숙 자 체중	0.9kg	400~600g	2.3~2.8kg	14~16kg	10kg
출생 시 체중	-	35~50g	95~140g	0.4~0.5kg	500~700g
웅 번식연령	10개월	6개월	9~12개월	10~12개월	6년
자 번식연령	10개월	6~8.5개월	5~7개월	9~12개월	5년
웅 번식체중	-	350g	3.5kg	-	10~11.5kg
자 번식체중	-	400g	2.5kg	-	8~9.5kg
성주기	7~10일	41일	14일	년2회	28일
발정기간	2일	2일	3~6일	7~9일	없음
배란시간	교미 후 36~48시간	-	교미 후 25~27시간	발정개시 후 1~3시간	월경개시 후 11~14일
배란형	교미배란	자연배란	교미배란	자연배란	자연배란
임신기간(일)	51(45~70)	111(105~115)	65(61~69)	63	165(150~180)
이유령	8주	6~8주	7~8주	6~8주	12~27주
이유 시 체중	-	130g	800g	-	0.9kg
산자수	1~12	1~5	1~6	4~8	1
자 번식수명	7년	≫10년	8~14년	6~10년	12~15년
웅 번식수명	7년	≫10년	5~7년	6~14년	12~15년
웅 한 마리당 암컷의 교배수	5	4~12	15~13	60	10

찾 아 보 기

(A)

acrosomal reaction ······ 138
acrosome reaction ······ 139
androgen ······ 13, 44
androgenesis ······ 146
anestrus ······ 224
artificial vagina ······ 104
avascular area ······ 64

(B)

blastocoele ······ 151
blastocyst ······ 151
breeding season ······ 56
Brucellosis ······ 251

(C)

capacitation ······ 138
central implantation ······ 157
chimera ······ 215
climacterium ······ 49
cold shock ······ 112
Complete reproductive cycle ······ 58
continuous breeder ······ 56
copulatory ovulator ······ 60, 63
corpus albicans ······ 65
corpus hemorrhagica ······ 64
corpus luteum graviditatis ······ 65
corpus rubrum ······ 65
Courtship ······ 96
cryptorchid ······ 241

(D)

deferent duct ······ 14
delayed implantation ······ 59
dull estrus ······ 224
dystocia ······ 236

(E)

eccentric implantation ······ 157
egg cleavage ······ 148
Ejaculation ······ 97
embryo transfer ······ 201
enhancement effect ······ 154
epididymis ······ 14
estrogen ······ 44

(F)

false mounting ······ 104
fertilization ······ 135
fertilization failure ······ 228
flushing ······ 58, 76
freemartin ······ 155, 237
FSH ······ 40
functional corpus luteum ······ 65
functional luteal stage ······ 65

(G)

genital lock ······ 82
GH ······ 41
gynogenesis ······ 146

(H)

hernia ····· 247
hypocalcemia ····· 233
hypomagnesia ····· 235
hypothalamus ····· 37

(I)

immobility response ····· 75
implantation ····· 156
implantation failure ····· 231
Infertile reproductive cycle ····· 59
inhibin ····· 45
intersexuality ····· 237
interstitial implantation ····· 157

(L)

lactation ····· 181
Leptospirosis ····· 252
LH ····· 40
lightening ····· 78
long day breeder ····· 56
lutein cell ····· 65

(M)

male pronucleus ····· 141
menstruation ····· 59
milk fever ····· 232
monoestrus animal ····· 60
morula ····· 149
Mounting ····· 96
multiple pregnancy ····· 233
mummification ····· 234

(N)

non-breeding season ····· 56
non-seasonal ····· 56

(O)

ovarian cyst ····· 227
Oviduct ····· 19
ovulation failure ····· 228
oxytocin ····· 41

(P)

parthenogenesis ····· 146
persistent corpus luteum ····· 227
placenta ····· 151
polyestrus animal ····· 60
polyspermy ····· 229
Post-coital ovulation ····· 63
postcoital ovulation animal ····· 60
pregnancy toxemia ····· 232
preovulatory swelling ····· 64
progesterone ····· 45
prolactin ····· 40
prolonged gestation ····· 233
prostaglandins ····· 46
prostate gland ····· 15
pseudopregnancy ····· 60

(R)

recipient cytoplasm ····· 212
rectal palpation ····· 64
relaxin ····· 45
repeat breeder ····· 234
reproductive cycle ····· 55
reproductive failure or disorder ····· 223
reproductive pattern ····· 61
retained placenta ····· 236

(S)

seasonal breeder ··· 56
sexual maturity ··· 49
short day breeder ··· 56
silent estrus ··· 224
silent heat ··· 58
spermatogenesis ··· 13
spilit estrus ··· 224
summer sterility ··· 77
supernumerary sperm ··· 145
synchronization on estrus ··· 197
syngamy ··· 142

(T)

teaser ram ··· 77
testis ··· 13
Transgenic Animal ··· 212

(U)

urethral gland ··· 15
uterine milk ··· 231

(V)

vascular body ··· 22
vesicular gland ··· 15
Vibriosis ··· 252
vitelline block ··· 145

(W)

white heifer disease ··· 237

(Z)

zona pellucida ··· 137
zona reaction ··· 138, 145
zygote ··· 135

(ㄱ)

가승가 ··· 104
간성 ··· 237
강정사료 ··· 76
강제환우 ··· 91
개화기 황체 ··· 65
갱년기 ··· 49
계절번식동물 ··· 56
과잉정자 ··· 145
교미배란 ··· 63, 84
교미배란동물 ··· 60, 63
교배적기 ··· 98
구애 ··· 96

(ㄴ)

난관 ··· 19
난산 ··· 236
난소낭종 ··· 227
난포자극호르몬 ··· 40
난할 ··· 148
난황차단 ··· 145

(ㄷ)

다발정 동물 ··· 60
다정자침입 ··· 229
다태임신 ··· 233
단발정 동물 ··· 60
단위생식 ··· 146
단일성 번식동물 ··· 56
둔성 발정 ··· 224, 226
둔성발정 ··· 58

(ㄹ)

렙토스파이라병 ··· 252
릴랙신 ··· 45

(ㅁ)

맥관체 ······ 22
무발정 ······ 224
무배란 발정 ······ 226
미약발정 ······ 224
미이라 변성 ······ 234

(ㅂ)

발정 동기화 ······ 197
발정재귀 ······ 73
발정황체 ······ 72
배란 직전 팽창 ······ 64
배란반 ······ 64
배란장해 ······ 228
배반포 ······ 151
백색처녀우병 ······ 237
백체 ······ 65
번식계절 ······ 56
번식장해 ······ 223
벽내 착상 ······ 157
복제동물 ······ 212
부동자세 ······ 75
분만유기 ······ 218
불임생식주기 ······ 59
브루셀라병 ······ 251
비번식계절 ······ 56
비브리오병 ······ 252
비유 ······ 181

(ㅅ)

사정 ······ 97
상실배 ······ 149
생리적 착상지연 ······ 159
생식기잠금 ······ 82
생식주기 ······ 55
생식형 ······ 61
성성숙 ······ 49
성장호르몬 ······ 41
세정관 ······ 14
수정 ······ 135
수정능 획득 ······ 138
수정란 이식 ······ 201
수정장해 ······ 228
수핵난자 ······ 212
승가 ······ 96
시상하부 ······ 37
시정수양 ······ 77
시정웅동물 ······ 95

(ㅇ)

안드로젠 ······ 13, 44
에스트로젠 ······ 44
영구황체 ······ 72, 227
옥시토신 ······ 41
완전생식주기 ······ 58
요도구선 ······ 15
요막수종 ······ 234
웅성전핵 ······ 141
웅성전핵생식 ······ 146
월경 ······ 59
위임신 ······ 60, 83
유열 ······ 232
인공질법 ······ 104
인히빈 ······ 45
일정단일법 ······ 89
임신중독증 ······ 232, 233
임신황체 ······ 65

(ㅈ)

자궁유 ······ 231
자성전핵생식 ······ 146
자연적 착상지연 ······ 159
자웅전핵융합 ······ 142
잠복정소 ······ 241

장기재태 ····· 233
장일성 번식동물 ····· 56
재조합 DNA ····· 217
저마그네슘증 ····· 235
저수태 ····· 234
저온충격 ····· 112
저칼슘증 ····· 233
적체 ····· 65
전립선 ····· 15
점감법 ····· 89, 91
점증법 ····· 91
접합자 ····· 135
정관 ····· 14
정낭선 ····· 15
정소 ····· 13
정소상체 ····· 14
정자형성 ····· 13
제한급이 ····· 89
종웅우 ····· 104
주년번식동물 ····· 56
중심착상 ····· 157
지속성 발정 ····· 224, 226
지연착상 ····· 87
직장검사 ····· 64

(ㅊ)

착상 ····· 156
착상장해 ····· 231
착상지연 ····· 59
첨체반응 ····· 138, 139
체외수정 ····· 207
촉진효과 ····· 154
출혈체 ····· 64

(ㅋ)

키메라 ····· 215

(ㅌ)

태반 ····· 151
태반정체 ····· 236
투명대 ····· 137
투명대반응 ····· 138, 145

(ㅍ)

편심착상 ····· 157
포배강 ····· 151
프로게스테론 ····· 45
프로락틴 ····· 40
프로스타그랜딘 ····· 46
프리마틴 ····· 155, 237
플러싱 ····· 58

(ㅎ)

하계불임증 ····· 77
핵치환 ····· 212
헤르니아 ····· 247
황체 개화기 ····· 65
황체세포 ····· 65
황체형성호르몬 ····· 40
후산정체 ····· 236

저 · 자 · 약 · 력

저자 | 김 옥 진

서울대학교 수의과대학 · 대학원 졸업 · 수의학박사

前 미국 농무부 동물질병연구소 연구과학자

前 서울대학교 의과대학 연구교수

前 일본 게이오 의과대학 객원교수

現 원광대학교 동물자원개발연구센터 센터장

現 원광대학교 생명자원과학대학 교수

동물번식생리 이해와 응용

발　　행 / 2025년 2월 20일

·

저　　자 / 김 옥 진

펴 낸 이 / 정 창 희

펴 낸 곳 / 동일출판사

주　　소 / 서울시 강서구 곰달래로31길7 (2층)

전　　화 / (02) 2608-8250

팩　　스 / (02) 2608-8265

등록번호 / 109-90-92166

판권 소유

ISBN 978-89-381-0911-8 93490

값 / 18,000원

이 책은 저작권법에 의해 저작권이 보호됩니다. 동일출판사 발행인의 승인자료 없이 무단 전재하거나 복제하는 행위는 저작권법 제136조에 의해 5년 이하의 징역 또는 5,000만원 이하의 벌금에 처하거나 이를 병과(倂科)할 수 있습니다.